UX for XR

User Experience Design
and Strategies
for Immersive Technologies

XR的用户体验
沉浸式技术的用户体验设计和策略

[新加坡] 科尔内尔·希尔曼（Cornel Hillmann） 著

黄静 叶梦杰 译

机械工业出版社
CHINA MACHINE PRESS

First published in English under the title
UX for XR: User Experience Design and Strategies for Immersive Technologies
by Cornel Hillmann
Copyright © Cornel Hillmann, 2021
This edition has been translated and published under licence from
Apress Media, LLC, part of Springer Nature.
Chinese simplified language edition published by China Machine Press, Copyright © 2025.

本书原版由 Apress 出版社出版。

本书简体字中文版由 Apress 出版社授权机械工业出版社独家出版。未经出版者预先书面许可，不得以任何方式复制或抄袭本书的任何部分。

北京市版权局著作权合同登记　图字：01-2022-3139 号。

图书在版编目（CIP）数据

XR 的用户体验：沉浸式技术的用户体验设计和策略 /（新加坡）科尔内尔·希尔曼（Cornel Hillmann）著；黄静，叶梦杰译 . -- 北京：机械工业出版社，2025.2.
ISBN 978-7-111-78175-2

Ⅰ. TP391.98；TP311.1

中国国家版本馆 CIP 数据核字第 20254RS687 号

机械工业出版社（北京市百万庄大街 22 号　邮政编码 100037）
策划编辑：姚　蕾　　　　　　　　　责任编辑：姚　蕾
责任校对：孙明慧　李可意　景　飞　责任印制：单爱军
北京瑞禾彩色印刷有限公司印刷
2025 年 6 月第 1 版第 1 次印刷
186mm×240mm · 10.75 印张 · 202 千字
标准书号：ISBN 978-7-111-78175-2
定价：89.00 元

电话服务　　　　　　　　　　网络服务
客服电话：010-88361066　　　机　工　官　网：www.cmpbook.com
　　　　　010-88379833　　　机　工　官　博：weibo.com/cmp1952
　　　　　010-68326294　　　金　书　网：www.golden-book.com
封底无防伪标均为盗版　　机工教育服务网：www.cmpedu.com

译 者 序

在科技日新月异的今天，虚拟现实技术正以其独特的魅力引领着数字世界的全新变革。XR 作为虚拟现实（Virtual Reality，VR）、增强现实（Augmented Reality，AR）和混合现实（Mixed Reality，MR）等的统称，其技术正在发生日新月异的变化。本书正是我们探索 XR 领域用户体验设计的宝贵指南。

在翻译本书的过程中，我们深刻感受到了 XR 技术的魅力和挑战。XR 技术不仅融合了 VR、AR 和 MR 等多种技术，更在用户体验设计方面提出了全新的要求。书中通过丰富的案例和实践经验，详细阐述了如何在 XR 环境中应用 UX 设计原则，以及如何通过设计来提升用户的沉浸感和满意度。

在翻译过程中，我们尽力保持原文的准确性和流畅性，同时也对部分内容进行了适当的调整和解释，以帮助读者更好地理解书中的观点和技巧。我们相信，本书对于所有从事 UX 设计，特别是 XR 领域的设计师来说，都是一本不可或缺的参考书。

通过阅读本书，你将能够深入了解 XR 技术的特点和趋势，掌握 UX 设计在 XR 环境中的核心原则和方法。你将学会如何分析用户需求、设计交互流程、优化用户体验，并能够在实践中不断提升自己的设计能力和水平。

最后，我们希望本书能够成为你探索 XR 领域用户体验设计的起点，也期待你在未来的实践中能够不断创新和突破，为用户带来更加极致的沉浸式体验。让我们一起迎接 XR 技术带来的全新挑战和机遇吧！

由于译者水平有限，不当之处恳请读者批评指正。

关于作者

　　Cornel Hillmann 是一位 CG 艺术家和 XR 设计师，在媒体和娱乐、广告、设计行业拥有 20 多年的经验。他曾与松下、捷豹等品牌合作，并参与《未来狂想曲》、闪电幽灵（Razor）等制作。Cornel 在获得计算机图形学文凭后，在洛杉矶开始了他的艺术总监生涯。他在德国汉堡创立了 CNT Media GmbH，在东南亚创立了 Emerging Entertainment Pte 公司，然后在新加坡建立了 studio.cgartist.com 设计工作室。Cornel 曾在林国荣创意科技大学开设沉浸式媒体后期制作大师班，以及高级 3D、VR 和媒体设计课程，他也是 *Unreal for Mobile and Standalone VR*（Apress，2019）一书的作者。Cornel 大部分时间都在使用虚幻引擎进行 XR 制作和企业可视化。

　　他的闲暇时间花在 VR 多人经典游戏 *Dead and Buried Ⅱ* 中，偶尔也花在 *Population: One*、*Hyper Dash* 和 *Altspace* 中，其余时间则在自己的虚拟合成工作室里忙碌，为个人爱好项目工作，或者为网络合作伙伴撰写软件和创意技术评论。

关于技术评审者

Tino Kuhn 是一位用户体验设计总监和数字创意总监,他以将创意叙事、现代体验设计与不同媒体和垂直行业中的用户体验策略和数字营销创意方向完美结合而闻名。他凭借以创新方式在移动平台上实现有影响力的产品体验,赢得了创意广告和数字营销方面的多个奖项。他的客户有阿联酋航空、沃达丰和 Nando's 等,工作内容包括用户体验设计和策略,最近则专注于创新社交平台的教育营销和教育技术。

Tino 在他的家乡汉堡成立了一个新媒体设计工作室,之后搬到了澳大利亚墨尔本,在那里他继续自己的职业生涯,成为创意营销领域新兴技术的早期采用者。他目前与澳大利亚最大的教育和学术提供商平台之一,即澳大利亚开放大学合作。工作之余,他对 360 视频和 VR 游戏的热情促使他开发了一个未来的游戏化学习平台和一个心理健康应用程序。

前　　言

本书探讨了 XR 设计的挑战和机遇，XR 是一个新兴领域，其前景不断变化，几乎每天都有创新新闻。因此，本书试图在前景分析和实际用例设计评估之间找到平衡。但除了提出学术与实践或分层分类与启发式评估的二分法之外，本书的目标是捕捉推动 XR 向前发展的所有要素，包括历史、理念、平台以及经济背景，并关注重要的概念。这些概念通常是从工具集或框架中提取出来的，可以帮助设计师以产品设计师的角色在 XR 宇宙中导航，并使他们在更广泛的主题上有一个良好的开端。

本书还展示了我作为一名 XR 设计师的经历，从交互和游戏设计，以及将 UX 方法应用于 XR 项目开始，这些项目以前是由游戏设计技术、标准和方法控制的，通常围绕作为产品开发中心的游戏设计文档（GDD）展开。XR 产品设计的大部分工具和技术都归功于游戏设计，在过去的几十年里，游戏设计已经从一个小众领域发展到今天的主要娱乐产业。如果我们获得了良好的用户体验，XR 产品可以重复这种发展模式。

我第一次接触虚拟现实是受已故的 Timothy Leary 影响，他晚年提倡将虚拟现实作为实现他更大想法的工具。我在职业生涯刚开始的时候由一位密友介绍而认识他，当时我正在洛杉矶做第一份真正的设计师工作。他那充满激情的技术乌托邦愿景，在当时以工作为中心的我看来似乎太疯狂、太夸张了。当时他写道："电子现实比物理世界更真实！这是一个深刻的进化飞跃。它可以比作从海洋到海岸线的跳跃，对鱼类来说陆地和空气突然变得比水更真实！"。甚至 1992 年，72 岁的他在明尼阿波利斯旅游研究协会的新闻发布会上解释："虚拟现实有朝一日会让商务旅行变得过时，因为人们将能够通过电子方式聚集在一起，创造出……远程呈现。"

当时的人们，包括年轻的我，都怀疑："这是一个伟大的想法，但我们这辈子不会实现。"事实证明，他的许多预测都是正确的，20 年后这些预测都变成了现实。

2014 年，当拿到 Oculus Rift 的开发套件 DK1 时，我大吃一惊。当我踏入一个我之前建模和设计的真人大小的 3D 空间，并能够使用 DK1 在里面移动时，我简直被征服了。能够生活在自己的虚拟创造中是一个改变生活的时刻。能够构建自己的现实，呼应 20 年前的对话，这个想法不仅让我感到兴奋，还为我注入了新的目标和愿景。

用户体验设计对我来说还是一种后天习得的爱好，大约在十年前我第一次接触它。它就像一种奇异的水果，最初尝起来既甜又苦，需要随着时间的推移才能让人慢慢接受。说它苦，是因为它迫使我重新思考很多我过去的工作方式。说它甜，是因为我开始欣赏其系统的优雅和深度，以及共同的语言带来的优势让所有人达成了共识。游戏设计与用户体验设计有许多相似的组成部分——用户研究、利益相关者访谈、原型设计和焦点小组测试，但用户体验设计流程嵌入整个产品设计系统和哲学中，在设计思维的通用思想指导下进行，因此令人满意并以结果为导向，数字经济的非凡成功故事部分归功于它。过去，游戏设计不太重视强调用户研究和用户体验方法，因为人们的态度通常是"我没有偏见，我只是碰巧知道用户想要什么"，但这也有部分原因在于游戏行业通常是一个非常不同的行业，在很大程度上是受题材驱动的。

本书的使命是绘制领域地图，了解我们在数字化转型过程的 XR 部分中所处的位置，列出解决 XR 设计问题的方法，并提供解决问题的提示和建议。本书面向的两个最大群体是，有兴趣采用 UX 设计原则的 XR 游戏设计师，以及来自网络和移动设计领域并准备接受 XR 的 UX 设计师。涵盖两个不同的角度意味着任何一方都会找到一些他们已经知道的信息。游戏设计师最有可能理解框架中可视化脚本的作用，而 UX 设计师可能不需要解释"双钻石"。然而，涵盖这两个角度很重要，因为本书的使命是将这两个松散的部分整合在一起。将用户体验设计流程应用于 XR 领域的数字产品设计的美妙之处在于，使用一个被证明是成功的公式。在此特别感谢我的技术评审者 Tino Kuhn，我一直在关注他，他作为用户体验总监有着鼓舞人心的职业生涯。Tino 不遗余力地花费额外的时间和精力来评估本书中的想法，并指导研讨会，得出实际案例，尤其是最后一章中涉及的案例。作为企业项目的工作人员，他丰富的知识和经验有助于将重点放在主要目标上。

本书的目标是让人们开始学习 XR 设计，概述思想、平台、工具、概念以及有用的设计系统和交互模式。

回顾一下设计模式是如何在 VR 的化身中演变的，它始于 2013 年的 Oculus Rift 在 Kickstarter 上发起的众筹活动，从中我们可以看出自那时以来发生了多少事情。

在 Oculus Rift 于 2016 年推出的初期，流行词是"临场感"，用户体验的重点是不要做以下事：不要破坏沉浸感，不要让人感到不适，尽可能不要做任何不自然的事情。快进到 2021 年，没有人再谈论临场感了，而是使用"沉浸感"一词来代替它，因为它在区分上下文方面更有用。对沉浸感破坏动作和不自然动作的偏执已经得到了遏制，因为我们现在对它有了更好的理解，并且开始接受相反的内容，例如支持超能力。

本书旨在作为该主题的入门读物，包括重要的背景信息。XR 游戏设计师将能够理解 UX 思维如何对产品有益，而来自网络和移动设计领域的 UX 设计师将能够全面了解事物的来源和发展方向，以及使用什么技术、工具或平台。

本书将原型设计确定为 UX 设计师的主要痛点之一。基于游戏引擎的全功能和交互式原型设计流程仍然非常复杂且技术性很强，学习难度很高，或者用史蒂夫·乔布斯（Steve Jobs）的话来说就是"痛苦的包袱"。但希望就在眼前，例如 XR 设计工具 Tvori 版本具有基本的交互模拟功能。对于设计师来说，能够使用空间设计应用程序进行上下文设计是最终的最佳长期方案。

最后，我们应该承认，只有理解了"墨西哥卷饼"的秘密和智慧，才能掌握 XR 的用户体验设计。

"墨西哥卷饼"是什么？它是虚拟现实游戏 *Job Simulator* 中结束游戏的方式。你必须从手提箱中抓起一个墨西哥卷饼，塞进嘴里咬两口，以确认你退出游戏。这背后的智慧是：在经过有意义的配对和适当的游戏测试后，最奇怪的互动也会变得出人意料地令人满意。解锁 XR 创造力的秘诀是：文字手势触发有意义的动作这一想法打开了通往无限机会的大门。在 VR 中，如果真的通过踢罐子来延长游戏时间，或者在 VR 会议中真的用一根木桩来代表股东以举手示意，则会显得有些滑稽，但同时也会很有趣且富有启发性，而这正是 XR 技术的魅力所在。这是心灵的游乐时间。

我们目前正在进入行业成熟状态，但创新才刚刚开始大放异彩。与 VR 相关的游戏平台 Rec Room 已成为独角兽，目前估值 12.5 亿美元，而美国陆军的一项交易为微软赢得了 218.8 亿美元的 HoloLens 合同。与此同时，Snapchat、Niantic 和 Apple 正在准备推出自己的 AR 眼镜，设计师最近获得了用于 HoloLens MRTK（混合现实工具包）的 Figma UI 工具集。所有这些都表明事情正在好转，充满机遇的 XR 未来之门正在打开。

元宇宙即将到来，同时到来的还有将改变我们生活的科技。本书的最后一部分在 XR 背景中讨论了区块链和 NFT 的主题。由于加密货币的兴起、投机过度和泡沫恐惧，这是一个非常两极分化的话题。但在概括比特币公司及其潜在的未来技术之前，我想说："坚持住……或者更确切地说，牢牢控制……你的马。"无论过度活跃的金融市场如何应对区块链技术，它都将以这样或那样的方式成为我们未来的一部分。它甚至可能完全摆脱贪婪，成为一个没有矿工、自由、无交易费、受监管、环保的系统，或者甚至有助于应对气候变化——实现这一目标的有前景的倡议正在进行中（包括 blockchainforclimate.org）。

如果本书激发了你更进一步探索并深入使用 Unreal 游戏引擎进行 VR 开发的兴趣，我建议你读一读我的第一本书 *Unreal for Mobile and Standalone VR*（Apress，2019）。这本书涵盖了从零开始创建专业 VR 应用的所有步骤，使用的是 Blueprint 可视化脚本和高效的生产流程技术。它还包括两个完整的教程：VR 产品演示和 VR 益智游戏。

另一个值得一提的资源是我的个人网站，我将在该网站上更新本书的背景信息，包括第 4 章和第 6 章提到的 Reality UX Lab 项目的最新动态。请随时加入讨论并在 studio.cgartist.com 上分享你的反馈和意见。

——Cornel Hillmann

致　　谢

最要感谢的是我的妻子 Audrey，她作为顾问、概念评估员、测试员和评论家，对我的 XR 项目给予了大力支持。

特别要感谢我的技术评审者 Tino，他不遗余力地深入研究本书项目的主题和挑战。

我还要感谢游戏设计老手 Pascal Luban，他对 UX 与游戏设计进行了深入讨论，并根据他多年的经验提出了深刻的见解。此外，感谢我的兄弟 Wido Menhard，他是西门子医疗数字健康执行副总裁，他支持我对 HoloLens AR 在医疗领域的应用研究。

特别感谢洛杉矶 Nexus 工作室的 Mark Davies，他从一个尖端的 XR 工作室的角度为我们提供了专业的见解。特别要向 Sophia Prater 致敬，她的创新设计系统——面向对象的用户体验（OOUX）可能正是 XR 设计和用户体验设计中缺失的一环。特别感谢 humancodeable.org 团队（UE4 VR 高级框架的作者），他们讨论了框架和 UX 在 XR 中的作用。特别感谢新加坡的 AR 先驱 HelloHolo，让我在新的 HoloLens 2 刚推出时测试了它。

感谢新加坡学术界和 Unreal 开发者网络，包括新加坡 VR 协会及其乐于助人的成员。

最后，感谢那些购买我上一本书的人，他们的欣赏和友好的鼓励激励着我继续走下去。

目 录

译者序
关于作者
关于技术评审者
前言
致谢

第1章 绪论 ················· 1
  1.1 欢迎来到空间计算时代 ········· 2
  1.2 绘制领域地图：UX ············ 3
  1.3 绘制领域地图：XR ············ 6
  1.4 融合UX与XR世界 ············ 9
  1.5 危机作为加速器 ············· 9
  1.6 总结 ··················· 10

第2章 XR的历史和未来 ········· 11
  2.1 引言 ··················· 11
  2.2 XR：从早期实验到第四次变革 ····· 11
    2.2.1 Oculus VR之前的用户体验 ···· 12
    2.2.2 AR设备用户体验的时间线 ···· 13
    2.2.3 定义XR的十年 ············ 14
    2.2.4 工业4.0的幕后 ············ 14
    2.2.5 UX作为XR应用的市场推动者 ···· 14
    2.2.6 XR设计的要素 ············ 15
    2.2.7 XR：亚文化背景 ··········· 17
    2.2.8 面向生活4.0的UX设计 ······· 19
    2.2.9 XR是UX驱动的营销天堂 ····· 19
    2.2.10 教育技术、医疗技术及其他领域XR的用户体验 ···· 20
  2.3 VR：通向未来的过山车之旅 ····· 21
    2.3.1 当UX思维注入VR：Oculus的史诗故事 ······ 21
    2.3.2 如何在炒作曲线中生存 ······ 23
    2.3.3 苹果公司XR产品线 ········ 24
    2.3.4 VR用户体验：可用性第一 ···· 24
    2.3.5 设定VR可用性标准 ········ 24
    2.3.6 VR可用性的要素 ·········· 25
    2.3.7 Alyx：VR可用性的黄金标准 ····· 27

	2.3.8	设计 VR 的未来，超越可用性……28		3.2.3	免费游戏如何颠覆游戏行业……48
	2.3.9	不断变化的数字环境中以用户为中心的设计……29		3.2.4	文化冲突：UX 设计与游戏设计……49
	2.3.10	VR 可用性启发式方法……29		3.2.5	转化事件……50
	2.3.11	UX：VR 的故事板、构思和用户旅程地图……30		3.2.6	从以人为本的设计到以人为本的经济……51
	2.3.12	面向未来的设计方法……31		3.2.7	经济成功作为加速器……52
2.4	AR：手持式 AR 成功案例、原型和 AR 云……31		3.3	三十年 VR 体验的关键经验教训……52
	2.4.1	AR 应用类型及设备类别……32		3.3.1	20 世纪 90 年代 VR：公众已经做好准备，但技术尚未成熟……53
	2.4.2	基于投影的 AR……33		3.3.2	可视化脚本的演变：从 Virtools 到 Blueprints 和 Bolt……53
	2.4.3	AR 路线图……34			
	2.4.4	AR 成功案例……34		3.3.3	具有持久力的 VR 解决方案……55
	2.4.5	AR 空间的 UX 设计……35		3.3.4	新兴 VR 展会……57
2.5	XR 游戏化的新时代：用户体验和用户参与度……38		3.3.5	VR 前景的转变……63
	2.5.1	XR 游戏化层……40	3.4	XR 设计：用户代理和故事叙述……63
	2.5.2	XR 游戏化工具集……40		3.4.1	框架对于用户体验设计的重要性……64
	2.5.3	通过游戏化方式实现 XR 新手引导……41		3.4.2	XR 项目类型及 XR 设计师……65
	2.5.4	VR 与游戏化……41	3.5	XR 基础知识：HCI、可用性和 UX……67
	2.5.5	AR 游戏化……43		3.5.1	VR 控制器和可用性决策……67
2.6	总结……44		3.5.2	UX 背景中的"形式服从功能"陈词滥调……68
第 3 章	用户体验的崛起及其如何推动 XR 用户采用……45			
3.1	引言……45		3.5.3	UX 对于 XR 的真正意义……69
3.2	用户体验和下一件大事的宏观经济学……45	3.6	总结……70
	3.2.1	UX 设计师与数字经济……46			
	3.2.2	宏观技术力量……47			

第 4 章　UX 和体验设计：从屏幕到 3D 空间 …………… 71

- 4.1 引言 ………………………………… 71
- 4.2 XR 摩擦漏斗的创新解决方案 … 72
  - 4.2.1 UI 向 3D 空间的演变 ……… 72
  - 4.2.2 了解漏斗中的用户 ………… 74
  - 4.2.3 XR 世界是 3D 的，就像现实世界一样 ……………… 75
  - 4.2.4 3D 导航作为一种超能力 … 76
- 4.3 设计空间 XR 体验的基础知识 … 77
  - 4.3.1 数字 XR 产品的 UX 设计流程 …………………………… 77
  - 4.3.2 XR 中的双钻石模型 ……… 78
  - 4.3.3 UX 设计创新：OOUX …… 79
  - 4.3.4 OOUX 的实际应用 ……… 81
  - 4.3.5 案例研究：Reality UX …… 82
  - 4.3.6 3D、空间对象设计和用户交互 ……………………… 84
  - 4.3.7 社交 AR 对象作为应用程序及其设计方法 …………… 85
- 4.4 沉浸式交互：感官、触觉、手势、音频和语音 …………… 88
  - 4.4.1 XR 交互设计和 OODA 循环 …………………………… 89
  - 4.4.2 GDD 与 XR 交互设计 …… 90
- 4.5 XR 与正念设计 …………………… 92
- 4.6 总结 ………………………………… 94

第 5 章　开拓平台和 UX 学习 ……… 95

- 5.1 引言 ………………………………… 95
- 5.2 手持式 AR 的突破 ……………… 98
  - 5.2.1 使用 Adobe Aero 进行空间叙事 …………………… 99
  - 5.2.2 AR 行业的 3D 工具 ……… 101
  - 5.2.3 社交媒体 AR ……………… 103
  - 5.2.4 手持式 AR 市场前景 …… 104
  - 5.2.5 手持式 AR 用户体验 …… 106
- 5.3 VR：Oculus 生态系统 ………… 107
  - 5.3.1 构思、灰盒和早期原型设计 ……………………………… 107
  - 5.3.2 框架和工具 ………………… 109
- 5.4 Microsoft HoloLens：娱乐、信息、协助和启发 …………… 112
  - 5.4.1 愿景：借助 Azure 空间锚点和 Microsoft Mesh 实现混合现实镜像世界 … 112
  - 5.4.2 使用 Marquette 进行原型设计 …………………………… 114
  - 5.4.3 混合现实工具包 …………… 115
  - 5.4.4 使用桌面 UX/UI 工具对 XR UI 进行原型设计 …… 118
  - 5.4.5 VR、AR、MR：原型设计的演变 ……………………… 120
- 5.5 VR 游览：360 视频、VR180 和沉浸式照片游览 …………… 120
  - 5.5.1 VR 游览内容创作和用户体验考量 ………………… 121
  - 5.5.2 在 VR 游览媒体中添加叙事元素 ……………………… 123
- 5.6 总结 ………………………………… 124

第 6 章　实用方法：现实世界中的 UX 和 XR ……………………… 126

- 6.1 引言 ………………………………… 126
- 6.2 案例研究：Gallery X，第一部分 ………………………… 127

  6.2.1 原型乌托邦……………128
  6.2.2 VR Gallery X：初步
     设计概要 ……………128
  6.2.3 VR Gallery X：发现……129
  6.2.4 VR Gallery X：探索……130
  6.2.5 角色、用户旅程和
     用户故事 ……………132
  6.2.6 XR 上下文中的面向
     对象 UX ……………134
 6.3 案例研究：Gallery X，
   第二部分，思考、
   设计、构建、测试 …………137
  6.3.1 口头故事板……………137
  6.3.2 视觉故事板和低保真
     原型 …………………137
  6.3.3 构建高保真原型并
     进行测试 ……………140
  6.3.4 双钻石过程及其结果……143

 6.4 XR 项目的 UX 策略、分析、
   数据采集和 UX 审计…………145
  6.4.1 Mozilla XR 资源 …………145
  6.4.2 基于 WebVR 的用户
     反馈 …………………145
  6.4.3 XR 项目的 UX 审计……147
 6.5 总结……………………………147
 6.6 结论：未来已来………………148
  6.6.1 下一个成长故事：XR
     的用户体验 …………149
  6.6.2 XR 的未来：机遇与
     降低风险的平衡………149
  6.6.3 XR 未来主义：设计
     现实 …………………150

词汇表 ………………………………151
资源 …………………………………155

第 1 章

绪 论

扩展现实（XR）时代已经到来，其崛起将在未来十年内日益引人注目。经过多年的实验和创新，21 世纪 20 年代就是下一代计算平台被更广泛采用的开始。

本书的目的是为 UX 设计师提供 XR 应用方面的概述，并为 XR 开发人员和制作人评估针对虚拟现实（VR）和增强现实（AR）应用的用户体验（UX）设计方法和技术。

原因显而易见：UX 设计是一个成功的故事。过去十年 UX 设计的崛起反映在移动经济的巨大成功中，而这在很大程度上得益于 UX 标准、技术和工具的改进，以实现效率和影响力的最大化（图 1-1）。

在网络和移动应用开发方面，UX 设计如今已成为一台运转良好的机器。事实证明，UX 设计行之有效，它能够在数字经济中创造成功案例和财富。在过去十年中，我们见证了整个 UX 领域的崛起，包括各种会议、行业机构、培训课程、文献以及就业市场的健康需求。尽管 UX 的作用不断被完善和争论，但它仍将存在，因为它履行了优化用户体验的承诺，而这反过来又意味着创造成功的数字产品并确保用户留存率。

图 1-1 UX 设计流程（图片由 C. Hillmann 提供）

作为新兴 XR 行业的一部分，AR 和 VR 应用在用户留存率方面的表现好坏参半。由于格式、技术突破以及软件和硬件平台的不断变化，很难建立一个成功的模式来吸引大量满意的用户，但也有一些明显的例外。

面对这种整体上是非常典型的新兴技术的情况，很明显，XR 应用开发比以往任何时候都更需要 UX 设计和策略。监控用户行为并根据这些数据改进关键组件，对于一个新兴行业的成功至关重要。

UX 设计方法在网络和移动应用开发中取得了巨大成功，就指导原则而言，这些方法在很大程度上可以转移到 XR 应用开发中。然而，在生产过程中，由于技术和格式难关，它面临着许多障碍。

这本书的理念是确定到目前为止在 XR 应用的 UX 设计方面学到的内容，以及在 UX 标准方面还需要改进哪些领域，同时评估解决不可避免痛点的可能方案。

通过这种方式，本书旨在帮助分析 XR 环境的 UX 实践，并审查原型制作和设计 XR 用户交互的技术和工具。目标是以体验状态和空间认知为设计方法，使用既定的 UX 关键绩效指标（KPI），同时考虑到社会动态、情感框架和更广泛的行业背景。

1.1 欢迎来到空间计算时代

2020 年 1 月 21 日，苹果首席执行官 Tim Cook 将增强现实称为"下一个大事件"，并表示在未来 5~10 年内，增强现实将"渗透到我们生活的各个方面"。随着 Oculus Quest 大获成功，虚拟现实的发展势头强劲，而 Magic Leap 和微软的 HoloLens 等增强现实设备正在构建其技术和可用性框架以及社区。XR 技术的兴起重新定义了人类与数字内容的交互方式，新的可能性正在为 UX 策略和设计带来重大转变，从而彻底改变人机交互（HCI）。虽然 UX 设计已成为组织的中心舞台，以便在平板数字设备上为用户构建有意义且相关的体验，但空间交互的新时代正在改变设计空间及其围绕故事叙述、交互设计、策略、研究和信息架构的技术。

将传统数字平台扩展到 XR 的新领域，需要考虑哪些最佳实践、新概念和惯例已经被建立，以及可以从行业领先的案例研究中汲取哪些经验教训。通过研究手持式增强现实（HAR）领域的实际案例、VR 成功案例以及开创性 XR 平台的实验性交互概念，我们可以制定一套 UX 指导原则框架，从而紧紧抓住未来可能出现的机会和应对这个过程中的挑战。尽管 XR 领域在不断变化，但它向用户许下的一系列长期承诺，并不太可能随着技术的成熟而发生改变（图 1-2）。

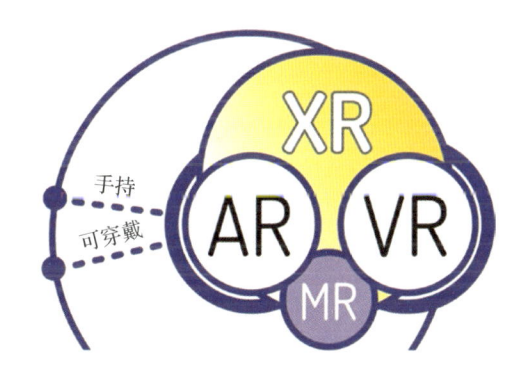

图 1-2　扩展现实（XR）（图片由 C. Hillmann 提供）

XR 用户体验的视角是关注用户利益，通过设身处地地为用户着想来分析哪些最有效，并阐述设计问题的解决方案。虽然这个使命很明确，但 XR 媒介的技术复杂性和新颖前景常常给 XR 用户体验设计工作增加了额外的难度。归根结底，面向 XR 应用的 UX 设计师不必是程序员，但必须了解技术的工作原理以及设计决策在技术依赖方面的影响。一旦基础工作完成，就会开辟广阔的机会空间。开创性设计工作的兴奋感往往为新兴技术的发展提供了动力。UX 设计师对 XR 中新机会的热情正在推动创新，这些设计师通过赋予用户代理权，确保这些想法符合目标受众的需求。

1.2　绘制领域地图：UX

UX 设计的一般概念已经存在了几个世纪，现在回想起来，它最终催生了一个蓬勃发展的设计行业，并塑造了当今的数字经济，这似乎是合乎逻辑的。

但是，虽然电子设备和数字应用的 UX 设计自 20 世纪 90 年代以来就已存在，但直到过去十年它才成为核心。iPhone 的巨大成功和围绕移动设备兴起的数字经济，加上需要统一网页和移动应用的设计以保持一致性，使 UX 设计成为了一个无与伦比的成功故事。经证明，采用以用户为中心的设计方法、应用研究和测试流程是数字经济中的正确方法。这是大多数电商明星企业背后的驱动力，也是帮助颠覆性独角兽企业抓住平台经济时代的秘诀。

但别忘了，UX 设计的崛起是一个相当新的现象。2009 年之前，UX 设计师的职位描述在就业市场上几乎不为人知。尽管它存在于具有少数较大组织的 HCI 研究和可用性测试设施中，但最终，苹果公司彻底致力于将 UX 概念作为开发新产品的核心流程。结果，它把公司变成了世界上最有价值的上市公司，主导着它所涉足的每个行业。正如 20 世纪 90 年代初加入苹果的设计传奇人物 Don Norman 所指出的那样：UX 包括用户与公司、服务和产品交互的所有方面。

这种非常全面的设计方法在今天常常被视为 UX 设计师的典型工作。这并不是出于无知，而是出于实际考虑。大多数从事应用程序和网站设计的 UX 领域的设计师无法控制他们的设计解决方案在何种设备上使用。他们的工作仅专注于数字产品及其用户交互，而设备 UX 当然是由硬件开发人员处理的。

这种情况造成了"UX 设计实际上就是 UI 设计"的误导性观念。职位描述经常通过招聘 UX/UI 设计师来强调这一观念。同样，这并不是出于无知，而是出于实际考虑。很多移动和网络应用的 UX 设计都集中在 UI 交互上。典型的例子是电子商务和预订应用，其中用户流直接反映在与 UI 的交互中。事实上，UX 设计仅指前端开发的设计方面是一个非常普遍的误解。但这可能只是一种扭曲的感知，因为它碰巧是大部分工作所在之处。

随着过渡到 XR 时代，这种情况将逐渐改变，UX 设计将真正回到其全面的根源，即考虑设计与用户之间交互的所有方面，因为这种交互将不仅仅是 UI（图 1-3）。

空间交互、手势和语音只是定义新范式的几个新元素。事实上，UX 中的"X"即体验因素，将在新的层面上发挥作用并细化 XR 环境中体验的真正含义。

在 VR 热潮的早期阶段，"体验"这个词被过度使用，当时每家公司都想要它。设计 VR 体验比设计 VR 应用听起来更激动人心，并且蕴含了通过沉浸式技术来吸引用户注意力的许多承诺。

图1-3　UX 设计与 UI 设计（图片由 C. Hillmann 提供）

然而，早期 VR 炒作的狂热已经过去，"体验"这个词仍然是一个很好的、描述性的术语，用于描述 XR 应用，因为它表达了一种以用户为中心的交互，这种交互不仅仅是在屏幕上滑动几根手指。它涉及多种感官，并有可能完全模拟现实世界以及人类与之交互的多种方式。

对于 UX 设计师来说，这是一个全新的领域，充满无限机遇，但也有大量问题需要解决（图1-4）。

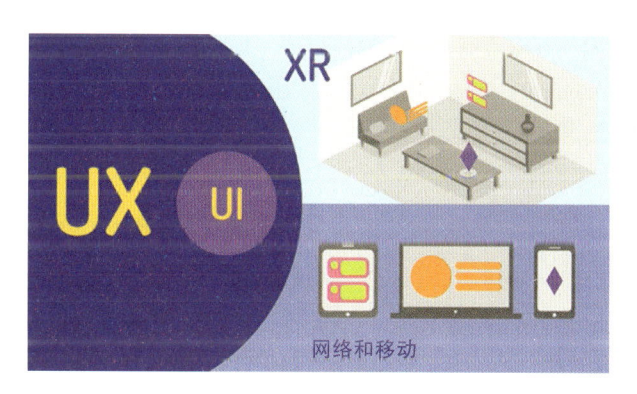

图1-4　空间计算与网络和移动的 UX 和 UI 设计（图片由 C. Hillmann 提供）

想想看，长期以来，UX/UI 设计师在移动和网络领域推出原型时面临的最大难题之一就是响应式设计：使用流式网格、锚点、响应式断点和设备模板，使用户交互在各种屏幕格式、尺寸和分辨率下保持一致。Sketch、Adobe XD 和 Figma 等工具在设计原型时非常有用，这些设计非常接近各种设备上的实际最终产品。

如果你希望在 AR 手持设备（如平板电脑）和 AR 可穿戴设备（如 AR 眼镜）之间实现基于相同内容的一致性，那么响应式设计问题可能会成为 XR 领域中更难解决的问题。这两种设备类别都与相同的空间环境交互，但用户与内容交互的方式截然不同。在平板电脑上点击一个空间 AR 对象可能会使屏幕的大部分空间被上下文相关的 UI 占据，但如果激活的 UI 靠近用户眼睛并阻挡其视野（FoV），佩戴 AR 眼镜以立体 3D 方式查看同一空间就会产生灾难性的效果。

对于网络和移动应用的 UX 设计师来说，他们主要处理的是不同大小和方向（包括水平和垂直方向）的扁平矩形。具有无限屏幕和空间组件的可穿戴 AR 为 UX 惯例带来了一个设计挑战。

迄今为止，网络和移动应用的 UX 设计一直存在于框架矩形中：标准显示器的水平矩形、手机的垂直矩形，以及包括平板电脑在内的其他移动设备（这些设备通过响应式设计来实现）的混合矩形。扁平矩形设计空间的限制对设计师来说是一种便利。它允许人们将注意力集中在没有空间依赖性的框架平面上。矩形屏幕空间是没有响应式和交互式元素的书籍页面的继承者，因此可以从数千年来的历史中汲取设计和组织矩形平面空间的经验，以吸引已经非常熟悉它的用户。

XR 空间完全打破了这种传统和一致性。一方面，它更接近于模拟技术的领域，但另一方面也更接近于剧院、魔术和故事叙述的沉浸式世界。但真正连接非 XR 和 XR 用户体验设计的桥梁是高概念（high-concept）方法，即通过了解用户需求、构建原型并进行测试直到它们达到预期，来解决设计问题。

1.3 绘制领域地图：XR

UX 设计通常与市场营销和客户体验（CX）相关联，与广告、平面设计和苹果计算机有着密切的联系。在 Figma 接管之前的很长一段时间里，设计师选择的 UX 应用程序 Sketch 只能在苹果设备上使用，而且通常情况下，典型的 UX 设计师都有图形、屏幕或 UI 设计的背景。

XR 世界本质上是一个不同的世界。它的起源是 3D 和游戏引擎的世界（因此更偏向于 Windows）。大多数 XR 应用程序都是使用游戏引擎（如 Unity 或 Unreal）制作的，这也使它们更接近游戏开发社区。一些 XR 应用程序是游戏，但即使是教育技术（EdTech）或企业 XR 项目，资源、人才、流程和制作技术也将基于游戏开发标准（图1-5）。

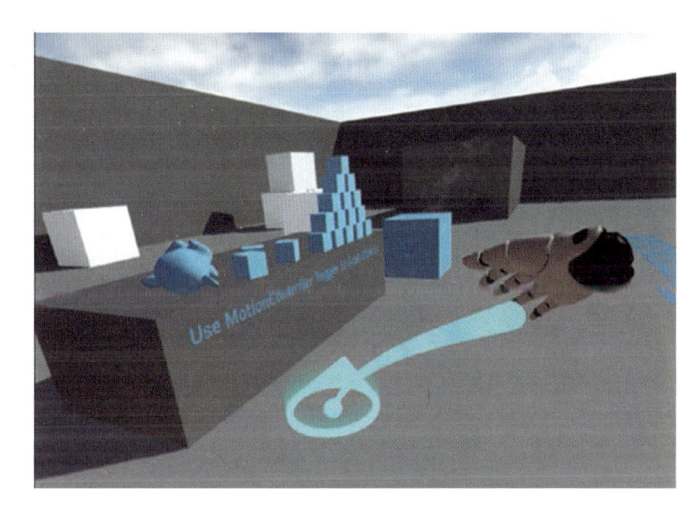

图1-5 使用Unreal引擎模板进行VR原型设计

游戏曾经使用并且仍将使用UX作为设计流程的一部分，而UX通常侧重于UI交互。过去十年，随着手机游戏的兴起，UX设计和游戏设计在某种程度上已经完美融合，但游戏设计中UX的重点至今仍是UI（UX游戏设计职业通常被宣传为UX/UI职位，表明其侧重于UI）。

一个合理的问题是：在没有基于用户流程和故事叙述的UX设计技术的情况下，游戏是如何设计的？

答案是，除了UI交互之外还涉及更全面的任务时，游戏设计一直在很大程度上涵盖UX设计的内容。用户流程和故事叙述传统上是游戏设计文档（GDD）的一部分，而游戏设计文档是每个游戏制作的基础。GDD详细描述了用户在游戏中任何时候应该做什么、游戏机制如何发挥作用以及哪些组件是制作的一部分。其中还包括原型设计、可用性测试和游戏测试，包括焦点小组测试。

考虑到这些事实，人们可能会好奇，基于游戏开发标准的XR制作为什么需要UX？

这个问题的答案是，游戏开发标准适用于游戏，但对于其他任何非游戏XR应用，例如企业、B2B、医疗技术（MedTech）、教育技术等，基本的游戏设计方法都无法理解用户的需求。游戏是XR开发中的一个特殊案例，设计师通常非常了解它们的受众。由于游戏行业的性质及其独特的类型和迭代游戏机制，游戏设计师通常比UX设计师更了解它们的受众。对于网络和移动应用，UX设计师往往对它们的用户一无所知。这就是为什么重点放在获取关于用户的知识、创建人物角色和用户旅程上。UX 设计还因为与电子商务、市场营销和广告业的紧密联系，对作为整个用户旅程一部分的转化更加关注——想想预订应用。另外，游戏设计师更了解它们的类型受众，并且对哪些游戏机制在用户群中受欢迎以及应该避免哪些陷阱有先见之明。此外，游戏玩家通常非常直言不讳、积极主动、可见度高，因此更容易建立档案。大多数游戏都是建立在已经建立和流行的游戏机制基础上的，并在熟悉的类型范围内在类型变化和图形风格上进行迭代，具有该类型的典型用户档案。

在设计一个主要不是针对已知类型的游戏玩家用户群的 XR 应用时，UX 设计变得非常重要，在这样的应用中，受众和内容就像是一张白纸。

这就是 UX 设计方法变得重要的原因：通过定位角色和场景，了解用户、了解使用应用程序的动机，使故事叙述和用户流程为它们服务，并测试结果（图 1-6）。

图 1-6　Microsoft Maquette 的 XR 原型示例

例如，考虑 XR MedTech 应用的 UX 设计，该应用主要针对在医院工作的医疗保健专业人员。为了让 XR 应用适用于忙于其他许多工作的用户群，UX 设计过程是使该概念在我们有很多未知因素的领域发挥作用的关键。

UX 设计和 UX 研究例程已证明它们自己可以解决这个问题：站在用户的角度，通过迭代原型设计找到解决用户问题的方案。

除了解决设计问题之外，UX 设计还有另一个优势：由于 UX 设计在数字经济中取得的巨大成功，以及它是大多数电子商务独角兽企业（如 Uber、AirBnB 等）背后的驱动力，UX 设计过程在项目利益相关者中建立了信任。人们确实明白，UX 对于数字产品的成功至关重要。

UX 设计流程有着令人印象深刻的记录。有充分的理由在新兴技术上使用 UX 方法论，尤其是面对可能对新兴技术的新颖性不熟悉的受众时。对于 UX 设计师来说，这意味着了解更广泛的 XR 领域的所有组件和陷阱非常重要，以便在无须接触任何代码的情况下提供高概念级别的设计解决方案。

1.4 融合 UX 与 XR 世界

意识到 UX 和 XR 世界之间可能存在的文化冲突可能很重要。如上一节所述，XR 的根源在于游戏开发领域，而 UX 设计（它在就业市场中最常见）与营销和软件运营服务（SaaS）应用程序相关。这一事实也反映在沟通中，特别是语言和术语中。

例如，UX 设计师可能会谈到建立"用户旅程地图"，而游戏设计师可能会谈到"游戏进度图"，但两者本质上是同一个意思。双方都应该开放交流，理解对方的技术语言和术语，以便更好地促进团队合作。

以玩家为中心的 UX 方法与成熟的游戏开发者工具集的成功结合，已被证明对移动游戏产生了奇效，这种方法是在过去十年内移动游戏兴起时首次建立的。UX 方法通过提供指导并引入用户行为和感知的视角，为游戏设计带来了优势，从而为数字产品的开发带来了重要价值。这一事实已被许多 XR 成功案例证明，这些案例将成为未来 XR 用户体验的蓝图。

1.5 危机作为加速器

当 Tim Cook 在 2020 年初宣布 XR 十年时，没有人预料到全球疫情及其对人类生活和经济的负面影响。一旦破坏范围变得显而易见，人们就清楚地认识到，在未来十年，人类互动、合作和做生意的方式将发生一系列渐进的变化，因为这个世界可能存在不安全或不明智的物理交互。各国政府一直在推动数字化转型，以帮助经济应对这些挑战，而 XR 技术正处于这些努力的最前沿。

从这个意义上说，疫情危机是更广泛的 XR 行业的加速器。包括社交 VR 在内的在线会议数量正在上升，新一波虚拟聚会解决方案正在帮助企业在没有实体会议和会面的情况下适应新常态（图 1-7）。

虽然这些解决方案是短期需求触发的，但它们将产生持久的影响，因为组织、企业和消费者逐渐意识到了 XR 在在线社交互动和团队合作方面的便利和好处。

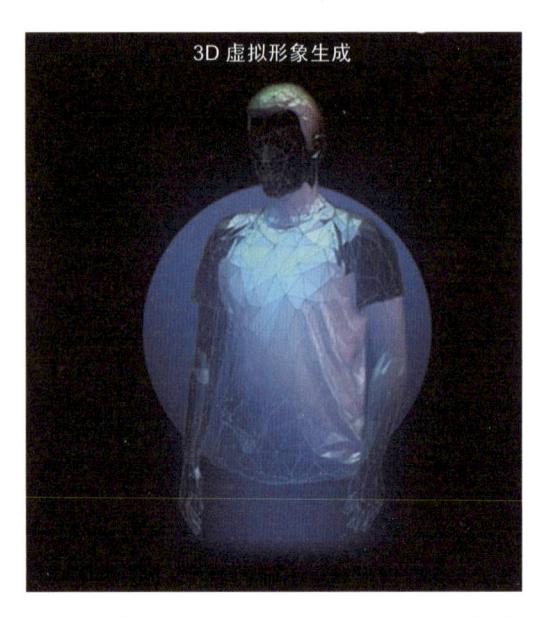

图 1-7 为 VR 在线协作生成 Spatial.io 虚拟形象

疫情危机是 XR 历史的转折点。尽管经济挑战无疑存在于整个经济体中，但 XR 的承诺是克服物理世界的限制，并开启一个人们可以在虚拟环境中会面、购物和合作的未来。

无论当前面临的挑战有多大，人们对数字化未来的追求比以往任何时候都要强烈，而 XR 开发人员和 UX 设计师正在帮助实现这一目标。蓬勃发展的虚拟空间将带动物理世界（用经典 VR 术语来说就是"现实空间"）的发展，造福所有人。

1.6 总结

本章概述了新兴 XR 技术的总体情况及其对 UX 设计的影响。它评估了 UX 设计和游戏设计的重叠学科，以及 UX 设计师在 VR 和 AR 中应用相同成功方法所面临的挑战，这些方法使 UX 设计成为移动时代蓬勃发展的行业。最后，回顾了疫情如何极大地推动了社会的数字化转型，加速了 XR 的使用，创造了更安全、面向未来的工作空间，使经济的其他领域受益，并为 UX 设计师带来了新的机遇。

第 2 章

XR 的历史和未来

2.1 引言

本章将介绍 XR 行业的总体情况，以及其发展中的哪些因素与 UX 设计最为相关。本概述包括 VR 和 AR 的历史、推动 XR 体验的元素、设备、技术、用例的生态以及经常出现的可用性问题。本章将介绍空间计算背后的宏观趋势和未来前景、游戏化的背景故事，以及它与 UX 设计和 XR 在数字经济中的成功故事之间的关系。

2.2 XR：从早期实验到第四次变革

2019 年 5 月 21 日，当 Oculus Quest 独立式 VR 头戴式设备的最终版本开始向消费者发货时，许多业内观察人士称其为 VR 的 "iPhone 时刻"。这款头戴式设备被广泛认为是第一个真正消费者友好型的 VR 解决方案，就像 2007 年推出的 iPhone 被认为是第一个真正用户友好型的智能手机一样，它让之前所有那些因界面和菜单难以使用而让用户感到沮丧和困惑的智能手机都相形见绌。Quest 在软件包中充分发挥了六自由度（6DOF）运动追踪的全部潜力，该软件包易于设置和使用、无须连接计算机（图 2-1）。

图 2-1　Facebook 的 Oculus Quest 1（图片由 C. Hillmann 提供）

在新东家 Facebook 的领导下，Oculus 确保这条新的产品线尽可能完善，同时将价格保持在 400 美元以下，与传统游戏机相当。

毫不奇怪，Facebook 这样一家公司，其全球成功部分归功于对 HCI 和 UX 研究的持续投入，不仅注重软件，还注重硬件、品牌和新手引导的用户体验。从流畅的设备美学到使用经过精心打磨的"first steps——introduction to VR"应用进行的周密引导，以及轻松创建监护人游戏区的便捷性，这款产品的推出具备了一款历史性里程碑设备的所有要素，尤其是从 UX 的角度来看。Quest 定义了"独立式 6DOF 头戴式显示器"这一设备类别，在之前 VR 头戴式设备的多个版本都遇到困难的领域取得了成功。后续型号 Quest 2 取得了更大的成功，仅在 7 周内其月活跃用户数就超过了原版 Quest。

2.2.1　Oculus VR 之前的用户体验

Facebook 收购 Oculus 一事在 VR 社区引发了广泛批评，他们认为此举背叛了最初 Oculus 2012 年在 Kickstarter 上发起众筹时所激发的独立精神。但也有声音指出，Facebook 的庞大资源与新兴 VR 品牌的协同效应将对整个 XR 行业及其走向主流产生积极影响。

在 2012 年之前的 VR 发展历史中，UX 设计和研究并没有发挥重要作用，因为开发人员正在努力克服技术的局限性。笨重的硬件、有限的处理能力、低分辨率和表现不佳的帧速率是实现用户友好体验的首要和最大障碍。20 世纪 90 年代第一波消费级 VR 浪潮的失败确实是因为当时的技术还不能提供舒适而有意义的用户体验。由于《电子世界争霸战》（*Tron*，1982 年）和《割草者》（*The Lawnmower Man*，1992 年）等标志性和定义流行文化的电影在公众中有很高的期望，早期 VR 的首次尝试惨遭失败。街机公司（如 Virtuality）和 VR 游戏设备（如任天堂的 Virtual Boy）更多地依赖于新奇因素，而不是为用户提供实际、持久的娱乐价值。

尽管如此，VR 技术在 20 世纪 90 年代中期到 2012 年间依然存活了下来，主要是在研究实验室以及像 Eon Reality 这样专注于企业和教育的公司中，它们专注于 VR 真正有效并能够推动人机交互可用性研究进步的特定细分市场。值得注意的是，一些最重要的交互模型，如手势输入，早在 1982 年就由 Thomas Zimmerman 和 VR 先驱 Jaron Lanier 提出。历史表明，早期的开创性概念需要足够的处理能力和用户体验研究才能最终投入使用。

2.2.2　AR 设备用户体验的时间线

回顾 AR 的历史，与 VR 相比，AR 的发展、普及和用户体验突破的时间线似乎更加线性，这是因为简单的 AR 应用程序在计算能力需求方面天生就具有较低的入门门槛。由于最初考虑到的有用应用领域更为广泛，包括低级的工业 HUD（平视显示器）和手持式 AR 辅助设备，以及休闲游戏和 Snapchat 等社交媒体应用中的 AR 叠加功能，AR 比 VR 更早地融入了人们的日常生活。

毫无疑问，AR 的第一个历史性突破是移动应用 Pokemon Go 的发布。截至 2017 年 6 月，这款手持式 AR 游戏的活跃用户已达 6000 万，到 2019 年下载量已达 10 亿次。这一数字在专用 AR 应用程序中前所未见，但部分原因也在于任天堂拥有成熟而强大的知识产权，以及地理追踪的创新使用。此后，没有其他手持式 AR 应用能够接近这些数字，但它让公众了解到了 AR 的潜力。与此同时，AR 开发人员有机会参与空间计算的下一个演化步骤：通过 HoloLens（微软）和 Magic Leap 1（Magic Leap 公司）开创的沉浸式、立体式和交互式 AR 世界。

二十多年前，增强现实这一术语由波音公司研究员 Thomas P. Caudell 于 1990 年提出，而这一想法最初由 Ivan Sutherland 于 1968 年提出。第一批可用的可穿戴 AR 系统原型开始进入专业应用领域，例如问世于 1999 年的美国海军研究实验室的战场增强现实系统（BARS）。在 20 世纪 90 年代到现代移动计算时代之间，AR 从一种专门用于工业和军事应用的实验性交互工具，逐渐发展成为一种面向更广泛消费者市场的技术。21 世纪 10 年代 UX 的兴起以及功能强大的手机摄像头的日益普及，终于为消费者打开了更广泛的商业用途之门，这些应用大多用于手持式设备，通过嵌入标记触发的 AR 弹出窗口，以有趣和实验性的信息层来解释产品和服务。

2.2.3 定义 XR 的十年

可以说，XR 的现代领域可以定义在 2010—2020 年的十年间。这十年间，VR 头戴式设备经历了多次迭代，从基于手机的 Google Cardboard 变种到高端企业解决方案，主要由 HTC Vive 和 Oculus 推动。同时，手持式 AR 设备也在发展，主要有两大开发者框架：苹果的 ARKit 和谷歌的 ARCore，以及先驱头戴式显示器（HDM）Magic Leap 和微软的 HoloLens。

这些发展在很大程度上是小众的解决方案和实验性的，发展的结果最终在这十年末进入了一个阶段，移动计算能力和软件突破带来了更完美的体验，为未来十年更广阔的消费者市场打开了大门。

2.2.4 工业 4.0 的幕后

这一发展的背景是经济的重大转型，通常被称为工业 4.0：通过数据驱动、智能、分散的系统实现制造业的数字化，其中包括使用人工智能（AI）、物联网（IoT）以及 XR 解决方案等，以优化下一代工业生产的效率。

工业 4.0 一词经常出现在流行概念中，例如第四次数字化转型，它描述了空间计算推动消费者环境的根本性转变。这种转型不仅影响企业和消费者，还通过数据收集和流程优化改善服务，其服务涵盖智能家居和智能城市之间的所有领域，从而影响土木工程和政府科技。愿景是：通过实时数据透明度更好地管理资源、改善决策流程，从而为所有人提供更好的服务，进而提高生活质量。家庭和城市作为与 XR 通信交互的技术平台，使用以人为本的计算，这是对未来的长期预测。

21 世纪 10 年代的实验性 XR 在很多方面都是未来十年有望实现突破的孕育地。人们普遍预计，新时代将由空间计算和可穿戴设备主导，这些设备将由 XR 中的情境化 AI 接口驱动。手机作为增长和创新的主要驱动力可能会随着时间的推移而逐渐失去其重要性。

2.2.5 UX 作为 XR 应用的市场推动者

如前所述，21 世纪第二个十年还见证了 UX 设计崛起并成为数字产品成功的关键因素。UX 设计和研究已进入成熟和重要的阶段，以至于当代 UX 设计流程无疑是数字经济中消费者采用和增长的主要驱动力。

空间计算时代及其新一代 XR 设备将在很大程度上依赖 UX 设计的力量来取得成功，因为 UX 设计和研究有望成为未来这一新时代的关键激活因素。未来的挑战是将 XR 提供的广泛技术、格式和交互选项纳入 UX 保护伞下，以便利益相关者之间能够传达设计解决方案。

到目前为止，这方面的努力在单个设备的基础上取得了成功。当然，在手持平板电脑或独立式 VR 头戴式设备等设备的限制范围内进行设计，要比为整个 XR 设备类别开发一个概念容易得多，因为它们在各自的技术能力上可能存在很大差异。

尽管如此，用户体验原则的许多重要领域是与设备无关的，并且涵盖了整个 XR 应用。

2.2.6 XR 设计的要素

尽管 XR 设备可能存在很大差异（从手持式 AR 到独立式 VR），但 XR 中的所有 UX 方法都涉及一些核心元素。最重要的领域包括：

a）舒适性和安全性；
b）交互（可供性、标示、反馈）；
c）环境和空间组件；
d）感官输入（视觉、听觉、触觉）；
e）参与度（故事叙述、游戏化）；
f）约束；
g）包容性、多样性和可访问性。

舒适性和安全性：

毫无疑问，舒适性和安全性是 XR 用户体验设计中最重要的方面之一。在 XR 的发展史上，无论是在软件方面还是硬件方面，这一直都是一个巨大的问题。

早期的 VR 头戴式设备基本上只是原型和技术演示，用户的舒适度并不是首要考虑因素。即使采用最新一代的 HDM，这个问题仍然存在，消费者经常会因为舒适度问题而拒绝使用该技术。随着时间的推移，这个问题会不断得到改善。尽管如此，UX 设计师需要对这种情况有所认识，并尽可能以最佳方式协助用户进行上手操作。安全问题不容忽视，因为用户在佩戴头戴式设备时往往会尝试快速移动并低估距离。Reddit 用户群中充斥着因游戏失控而导致的伤害和设备损坏的照片。UX 新手引导的角色，尤其是引导用户关注 XR 安全问题的角色，尤为重要，例如鼓励用户保持合理距离并提示最小游戏区域。

交互：

交互涵盖了 XR 中特定的 UI/UX 挑战。这里的关注点是向用户传达如何与物品进行交互。

问题包括"这个物品是否可用?""我如何使用它?""我做得对吗?""我如何从 A 点到达 B 点?",以及"我有哪些移动选项?"。重要的是查看 XR 中的不同标示选项,以使得 Don Norman 在《设计心理学》(*The design of everyday things*)中所定义的"可供性"变得可见。按照这个定义,可供性指的是一个对象能做什么,而标示则有助于明确这一点。一个简单的例子就是在抽屉上方弹出一个文本提示,写着"打开我"。

环境和空间组件:

在 AR 中,环境和空间组件在情境方面发挥着重要作用,因为数字叠加层旨在与实际环境进行交互,而实际环境始终是体验的一部分。在 VR 中,环境在 UX 设计中扮演着略有不同但同样重要的角色。关于游玩区域、坐姿与站姿以及方向辅助的问题涉及应用在环境方面的一些最基本的设计考虑因素。人工环境是用户体验的核心驱动因素,而有关其空间特性的设计决策决定了其叙事性质。空间叙事是使用定向动作探索空间的非线性方法中最重要的组成部分。

感官输入:

感官输入选项提供了丰富的工具箱,可通过视觉线索、音频导航以及使用运动控制器的触觉反馈来指导和协调用户体验。例如,空间音频事件可以通过激励用户转身并重新聚焦视野,将用户的注意力吸引到特定热点上。具有声音设计的周边感知可以提供交互式上下文,声音提示可能有助于引导用户。基于注视的视觉反馈(例如视野中心的突出对象或控制器的选择射线)可能有助于完成任务。通过振动的触觉控制器反馈通常用作行动号召,例如当重叠事件需要用户采取行动时。虽然交互式感官输入是 UX 设计最明显的领域,但还有底层的视觉设计结构,它涉及用户交互以外的问题,例如基本的视听通信概念、设计系统和风格决策。

参与度:

持续的用户参与是成功的 UX 设计的结果。对于数字 XR 产品而言,这意味着通过测试和原型制作,在考虑所有空间和感官组件的基础上,引导用户、消除摩擦、提供激励,并为用户提供令人满意和有意义的体验。故事叙述和游戏化在实现这些目标方面发挥着重要作用。两者都有助于引导用户、提供目标,并通过展开空间叙事和嵌入的反馈在沉浸式环境中发挥关键作用。"我应该在这里做什么?""我面对的是正确的方向吗?""我下一步应该做什么?"和"任务已经完成了吗?"是首次使用 XR 的用户表达的典型问题。在 XR 中提高用户参与度的 UX 设计至关重要,因为用户经常会迷失方向、困惑或不清楚产品的目标。这通常是因为不熟悉、不习惯技术。可以通过在原型制作和用户测试期间监测用户参与度、通过激励来改进结果、并通过添加和调整故事叙述和游戏化组件，来解决这个问题。

约束：

在设计空间 XR 时，设计、实施和管理约束是一项重要技术。其主要思想是管理用户的选项，限制不必要的或有害的行动，并帮助提高 XR 空间中的可发现性和反馈。最明显的例子是设置保护区域来限制 VR 游戏空间。这是一种有效的方法，也是行业标准，通过视觉提示来限制用户移动，以防止设备损坏和用户受到伤害。其他使用约束的领域包括设置禁止进入的地形区域、对物体进行轴向限制，以及限制视野来吸引注意力或避免眩晕。通过禁用特定的移动能力、限制区域访问和限制对象交互，约束可帮助设计师指导用户体验。AR 的 UX 设计可能具有挑战性，因为每个用户环境的自然约束在每种情况下都是独一无二的。通常，这需要一个灵活的空间设计概念，将每个用户环境可能存在的个体约束考虑在内。

包容性、多样性和可访问性：

包容性、多样性和可访问性对用户来说尤为重要。只要有可能，就应该考虑用户的情况、他们的身体状况或精神状况、文化和种族背景以及设计的社会影响。例如，通过规划来平衡刻板印象，鼓励多样性，或者在 XR 应用中为一只手或手臂受伤或残疾的用户提供单手控制器选项，以促进包容性。

考虑到 XR 设计的这些重点领域，我们有可能找到同时适用于 AR 和 VR 的通用 UX 设计规则。这些规则的核心并不是一成不变的，而是根据最新的实验和设计经验，以及开发人员和 UX 设计师为 XR 社区贡献的成功案例和研究数据不断更新。

然而，问题总是围绕着以下几个方面："在空间中导航的最佳方式是什么？""如何优化 XR 的沉浸式特性？""如何在空间环境中设计对象交互和可发现性？""什么做法最有利于持久且令人满意的 XR 体验？"，以及"在数字 XR 产品中，哪些陷阱会破坏用户流程和存在？"。

2.2.7　XR：亚文化背景

在考虑文化背景在 XR 中的重要性时，我们经常会评估设计中的文化维度如何影响用户，以及它如何通过熟悉度和文化背景影响用户的决策。在用户测试中使用角色和场景等成熟的 UX 技术有助于了解认知偏差，并了解用户与产品交互时的愿望。

与数字 XR 产品的感知相关的一个方面是技术本身的文化历史和流行文化背景。这一事实可以在用户对 XR 设计的期望和感知中发挥作用。根据目标受众，XR 设计师可以利用这一点来获得更好的体验。

VR 在科幻和游戏领域作为一种亚文化有着悠久的历史。游戏文化在流行文化中扮演着越来越重要的角色。例如，"游戏诱饵"（gamer bait）这一概念，指的是在广告中使用游戏美学来吸引用户，是这一趋势在营销领域产生的反响之一。VR 文化可以被视为游戏亚文化的一部分，拥有自己独特的复古未来主义风格。因此，了解 VR 的历史和文化背景在今天仍然具有重要意义。例子包括术语、视觉参考和 XR 概念，这些都起源于科幻流行文化，如 Neal Stephenson 的小说《雪崩》(*Snow Crash*) 中的"元宇宙"（Metaverse）和 Ernest Cline 的小说《头号玩家》(*Ready Player One*) 中的"绿洲"（Oasis），它们都是多人 VR 云平台的另一种称呼。

视觉参考包括经典的 20 世纪 80 年代科幻设计风格，如《电子世界争霸战》等复古科幻经典中的网格表面边缘的霓虹灯光，以及 2018 年 Spielberg 改编的《头号玩家》中悬浮的平视显示器（HUD）。20 世纪 80 年代末和 90 年代初的第一代 VR 设计经常被以讽刺的方式引用，作为一种致敬和"潮人"宣言。

这些引用正在构建一个预期和亚文化参考的框架，通常被认为是具有互联网表情包和相关的小众音乐流派（从 Vaporwave 到 Synthwave）背景的"书呆子文化"，都在引用 20 世纪 80 年代未来主义中那些通常显得俗气但如今却被认为是时髦的梦幻世界。

VR 在其早期阶段，即 20 世纪 80 年代末和 90 年代初，是反主流文化图标的代表，经常在早期黑客和赛博朋克亚文化的背景下出现，可以追溯到 1989 年的 *Mondo 2000* 和 1988 年的 *Reality Hackers* 等出版物。在当时的精神下，个性自由、意识扩张以及通过改变现实来实现文化转型，是这项技术预期的最终目标。

VR 先驱 Jaron Lanier 的作品很好地记录了早期亚文化对 VR 潜力的热情以及随着时间的推移对文化的变革，他仍然是该领域最有影响力的作家之一。

XR，包括它的亚文化历史、科幻媒体背景、在设计中的角色以及与未来主义相关的思维，经常被映射到超人类主义（Transhumanism）的哲学领域。超人类主义通常被认为是一个有争议或高度争论的话题，它涵盖了关于人类与技术之间关系以及这种关系未来将如何发展的广泛推测立场。尽管超人类主义思想有许多分支，但它们的共同点是认为技术将改变人类的状况并极大地扩展其潜力。在这个背景下，XR 技术正在为有限的人类感官和物理能力增添"超能力"。

从 XR 设计师的角度来看，在概念化可能受益于参考这种文化框架的消费产品时，充分了解 XR 世界的历史、亚文化和设计文化是有意义的，这样就能够利用这些资源。

2.2.8 面向生活 4.0 的 UX 设计

每当未来计算的语境中出现带有 4.0 的术语时，都可以假定它指的是前面提到的"工业 4.0"一词。该概念源于 2011 年德国政府的一项倡议，倡导制造业数字化，包括互联和分散的智能技术，以实现工业制造过程的自动化和改进。4.0 指的是历史上的工业时代：1.0，从手工劳动向机器的过渡；2.0，向大规模生产和电力的转变；3.0，引入自动化、电子和计算机；最后，4.0，智能网络技术、云计算、大数据、物联网、人工智能和 XR 的兴起，是颠覆和创新整个经济的宏观趋势的一部分。

与工业 4.0 概念相对应，还有基于技术创新的消费者行为的第四次数字化转型的概念，但所关联的时间线不同（图 2-2）。

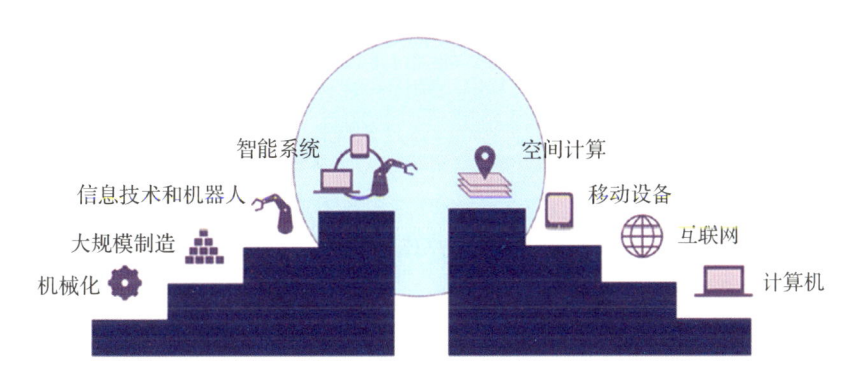

图 2-2　工业 4.0 与第四次数字化转型（图片由 C. Hillmann 提供）

在当前的时间线状态下，有时也被称为"生活 4.0"，消费世界正在转变为一个完全由数据驱动、数字交互驱动的世界，无论是在家庭中还是在工作中。这一转变最终将影响生活的各个方面，虚拟会议和智能家居设备无缝地与 XR 设备交互。这条时间线上的演变步骤包括以下历史阶段：（1）计算机的引入，（2）互联网，（3）移动计算以及目前正在进行的转型，（4）可穿戴空间计算、智能和云计算。

2.2.9　XR 是 UX 驱动的营销天堂

营销策略师对新时代 XR 的可能性感到兴奋并不奇怪。监测消费者行为、追踪位置、个人偏好，以及允许在 XR 中叠加空间发现过程，并附带情境化和个性化的营销优惠（最坏的情况下是空间弹出广告），这些前景对于迫切希望利用即将到来的体验经济的电子商务战略家来说，可谓是美梦成真。通过基于云的 XR 层将企业和客户联系在一起，并根据位置、注视点和个人偏好定制销售信息，机会是巨大的。一个拥有 AR 广告牌和有价值的虚拟房地产的新生态系统正在等待第一个在这个领域吸引消费者的平台。

但在对基于 XR 的电子商务感到兴奋之前，我们应该还要考虑到有人持怀疑态度，表达了对隐私的担忧等。在消费者隐私与大型科技公司 FAANG（Facebook、Amazon、Apple、Netflix、Google）背景下的政策讨论引入了政治术语：监视资本主义（surveillance capitalism），这一表达描述了全球平台经济背景下对新兴技术的怀疑、焦虑和批判性观点。

社会经济环境影响着用户对产品的看法，如果数据安全和隐私越来越成为主要关注点，那么 UX 设计师就有机会和责任解决和传达产品在这方面的政策问题。目标是提供一种体验，包括数据收集的透明度，以及在允许的情况下收集数据的背景信息和个人数据将用于什么目的。

2.2.10 教育技术、医疗技术及其他领域 XR 的用户体验

基于 XR 的电子商务、产品展示和试用、指南、娱乐和游戏是最受关注的 XR 领域。所有这些领域的增长都已加快，投资分析师预计，一旦领先的科技公司以适中的价格向消费者推出 AR 可穿戴设备，将出现最大的推动力。

在教育技术、医疗技术和企业培训领域，XR 解决方案虽然不那么明显，但在效率和解决问题方面已经取得了可观的成果。

普华永道（PwC）最近一项关于 VR 培训和教育的研究得出结论，VR 不仅是一种教授职业技能的有效方式，也是培养诸如领导力、适应力和变革管理等软技能的有效方式。研究认为，VR 参与者的学习速度提高了 4 倍，情感联系提高了 3.5 倍，同时自信心提高了 2.5 倍，专注度提高了 4 倍。

教育是 XR 的最大受益者之一，其中 AR 和 VR 都展现出了各自独特的优势。AR 能够以环境为背景，为学习提供辅助；而 VR 的独特优势在于，它能够在不受显示器尺寸限制的空间中传播复杂的信息。利用整个 360 度立体环境来组织、呈现和管理学习内容，再加上屏蔽干扰的专注力，使 VR 成为提高效率和成本效益的理想选择。

医疗技术是 XR 应用通过创新方法能够立足并取得显著成果的另一个领域。从远程医疗到医疗人员培训和手术培训，再到更好地与患者沟通，XR 在医疗应用领域的地位正迅速提升，以提供更优质、更高效的服务。

一个例子是西门子医疗针对微软 HoloLens 2 开发的 Cinematic Reality 应用。该应用能够使用蒙特卡罗路径追踪器和 HDR 照明，以每秒 60 帧的实时速度渲染 CT 和 MRI 扫描的体素

数据，同时使用了直方图传递函数。其结果是，以逼真的色彩和阴影呈现扫描身体部位的立体交互式全息图，使外科医生能够通过 HoloLens 头戴式设备探索复杂手术的可能解决方案。此外，它还有助于患者沟通，帮助放射科和临床医护人员之间传递信息。

西门子医疗的 Cinematic Reality 应用是一个很好的例子，展示了 XR 技术如何更好地概览复杂数据集，从而帮助更好、更快地做出决策。

XR 在医疗技术和教育技术领域的进步并不像 Pokemon Go 的十亿次下载那样引人注目，但它们可以在更大的公民 XR 应用背景下看到，比如在 GovTech 的案例中，UX 设计在能力建设中扮演着至关重要的角色。

在未来十年及以后，XR 时代的发展最有可能由初创企业、技术投资者、创新者和内容创作者组成的庞大的生态系统所推动，他们一直押注于基于 XR 设备的 XR 应用的商业突破，这些设备价格实惠且功能强大，足以进入主流市场。

但重要的是要记住，除了在商业领域瞩目之外，XR 应用还在人类的应用科学领域中进行着不太显眼的变革。这些领域包括城市解决方案、健康技术和可再生能源的创新。XR 正在为这些关键增长领域带来更好的分析、沟通和问题解决工具，而 UX 设计师在将这些复杂想法转化为易于理解和直观的用户体验方面发挥着关键作用。考虑到 XR 设备和应用的广泛领域，显然近年来最显著的进步发生在 VR 领域。

2.3　VR：通向未来的过山车之旅

VR 的发展道路一直充满坎坷，即使在其伟大的第二波浪潮中也是如此。如果说有一个概念最能代表 VR 演示曲折的历史、反复无常的情绪和经常噱头十足的本质，那么这个概念一定是过山车的形象。虚拟过山车是 Oculus 第一代开发套件最早的应用之一，因此也成了大多数早期爱好者接触 VR 的入门体验，而且过山车在某种程度上也代表了 VR 模拟晕动病的问题，以及人们对 VR 作为 XR 宇宙未来关键技术所持有的热情和失望之间的起伏。因此，研究 UX 在复杂的 VR 近期历史中扮演的角色是件很有趣的事。

2.3.1　当 UX 思维注入 VR：Oculus 的史诗故事

如前所述，由于技术实力不足、期望不切实际，以及将新颖性置于可用性之上的设计原则，20 世纪 90 年代首次出现的 VR 消费热潮惨遭失败，之后，又花了 20 年时间这一理念才再次在更广阔的市场上崭露头角。

与此同时，NASA 研究实验室正在针对闭门造车的空间应用和小众工程应用评估 VR，例如 Virtools 用于原型工业 VR 模拟，直到 2012 年，改装爱好者和头戴式设备收藏家 Palmer Luckey 和开发者传奇人物 John Carmack 合作开发了一款 VR HMD 原型，其视野比当时的其他任何产品都要大得多。第一个开发套件成为有史以来最成功的启动项目，并促成了 2014 年 Facebook 以 20 亿美元收购，这一事件引发了最近的 VR 炒作。几年后，由于许多 VR 相关初创企业的早期投资者对规模不足感到失望，这种热情逐渐消退。尽管如此，这些事件开启了 VR 的新时代，最终长期投资者回归，他们对全球 VR 社区的奉献精神印象深刻。

Palmer Luckey 是面向游戏玩家和消费者的新一代平价 VR 设备的倡导者。尽管他后来表达的政治观点引起了两极分化，但他还是将这项技术带给了消费者，并推动了用户体验，让最新的 VR 技术在研究和工业用途之外也能得到广泛应用。

Palmer 和 Carmack 早期的 Oculus 概念设定了更广阔的愿景：除了更广阔的视野，还有运动追踪控制器、音频功能和主流游戏引擎的支持，这些反过来又为开发人员试验 UX 理念打开了大门。Palmer 的奉献精神推动了以前被忽视的时代，因为 20 世纪 90 年代的失败及其在研究中的小众定位，该技术被认为不适用于消费者娱乐和游戏。

巧合的是，Oculus VR 的早期（2010—2013 年）也是 UX 设计崛起成为一股强大力量的时期，它以自己的方式塑造了数字经济。UX 专业人士在早期的讨论中注意到了 VR 带来的新挑战，因为它在很大程度上消除了界面层。网络和移动应用的 UX 主要围绕界面及其对用户转化率的优化。

经典的设计和可用性工程原则，比如 PET（设计需考虑说服力、情绪和信任），在 VR 的背景下突然被赋予了全新的意义。VR 模拟的直接性和强大性，让所有感官都充分暴露在沉浸式和人工刺激中，这使得 UX 设计师增加了一系列新的职责（图 2-3）。

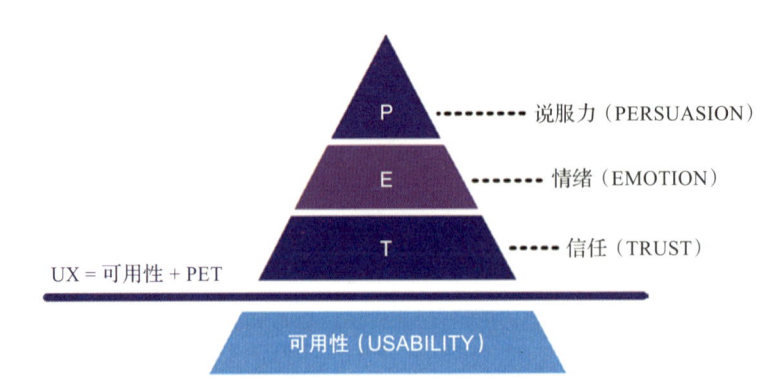

图 2-3　UX 不仅仅具有可用性，说服力、情绪和信任同样重要（图片由 C. Hillmann 提供）

能力越大，责任越大：用户体验失调对沉浸式用户的影响远大于对网络或移动应用消费者的影响。VR 的本质要求在 UX 方面采用不同的方法和更广泛的关注领域。用户体验不佳仍被认为是该技术更广泛采用的主要障碍之一。VR 的 UX 设计的范畴除了包含解决可用性和设计交互外，还涵盖了可以通过 PET 或说服工程（Persuasion Engineering）来表达的体验的软方面。

在 Oculus 的领导下，VR 的用户体验取得了很大进步。自成立之初，Facebook 品牌就非常重视制定基于一般最佳实践的 UX 指南，包括休息姿势、方向、持续时间、加载时间、速度和舒适度，以及视觉线索、运动、手部交互、VR 声音设计和游戏测试等更具体的领域。这些丰富的资源可在 Oculus 开发者网站上免费获取。频繁的更新和博客文章涵盖了关键领域的进展，例如避免晕动病的新运动技术研究实验，这是一项重要资源。

2.3.2 如何在炒作曲线中生存

问题依然存在：为什么 Oculus 的第一代头戴式设备 Oculus Rift、Oculus Go 以及与三星合作的 Gear VR 未能达到预期？尽管获得了媒体的积极支持、热情的粉丝群以及新东家 Facebook 的财力支持，但这项技术并没有像预期的那样腾飞。

关于基本硬件用户体验问题、目标受众等的大量争论，以及由于需要初期投资，PC VR 的门槛较高，最终，即使是最新一代的 VR 也未准备好进入大众市场。2019 年 5 月，在 Oculus Rift 推出三年多后，Oculus 发布了其首款独立式 6DOF 头戴式设备 Oculus Quest，该设备后来增加了连接高端 PC VR 的选项，对于普通用户以及铁杆 VR 爱好者来说提供了最方便、最灵活的解决方案。对于许多观察家来说，2019 年底标志着 6DOF VR 消费时代的真正开始。

现代 VR 叙事通常围绕 Oculus 展开。原因是 Oculus 在许多领域都是先行者，并且仍然是推动该技术发展的最一致的专业品牌之一，这是 Facebook 内部扩展社交网络战略的一部分。尽管如此，其他早期先驱者，如 IITC Vive（一家转向企业应用的公司，其 IIMD 包括 Valve Index）以及基于 Microsoft MR 平台的 Pimax 和 HP Reverb，在分辨率和视场方面突破了硬件极限，值得称赞，而索尼的 Playstation VR 在家庭娱乐领域首次亮相就取得了成功，截至 2020 年 1 月已售出 500 万台。

到 2020 年，VR 领域的发展将转向由内而外的追踪、无线和独立式头戴式设备。接下来是 5G 技术，它将为流媒体高端内容和更高级别的社交 VR 连接提供支持，因为这项技术正在缓慢而稳步地获得用户的认可。

2.3.3 苹果公司 XR 产品线

多年来，苹果公司一直在通过技术收购为进入市场做准备，其中包括收购 NextVR 和 Spaces 等。NextVR 是一家提供高质量直播和点播 VR 内容的科技公司。该公司拥有 40 多项专利，并已成功将音乐和体育赛事流式传输到 VR 头戴式设备上。Spaces 已成为 VR 视频会议领域的创新者。在撰写本书时，尚未正式发布任何苹果可穿戴 XR 产品，但业内传言表明正式发布日期即将到来。苹果公司进入市场将标志着向 XR 大众市场的转变，而时机将由苹果公司战略家精心选择。

苹果公司的产品一直以用户体验为主导，而苹果可穿戴设备 XR 系列有望为用户舒适度、易用性和可访问性树立标杆。苹果公司进入可穿戴 XR 领域将是开启全球消费者空间计算时代的重要市场信号。对于 UX 设计师来说，这种范式转变将是一个激动人心的时刻；它将提供新的创意可能性和创新空间，使设计创新者能够抓住计算平台重大转变带来的难得机遇。

2.3.4 VR 用户体验：可用性第一

VR 的 UX 设计是一个持续的过程，由全球 VR 社区塑造。VR 最佳实践和标准并非一成不变；相反，它们会根据从实验中获得的输入以及使用失败和成功案例数据更新的信息不断变化。如果某样东西效果很好，就会广为流传，并会应用到其他产品中。

自最近一波 VR 创新浪潮开始以来，可用性一直是 VR 用户体验的重点之一。原因是 VR 可用性不得不面对很多问题，例如晕动病问题、硬件限制和设备相关限制，此外还有标准缺乏和用例巨大差异。虽然与游戏机和游戏 PC 的市场份额相比，VR 可能仍被视为小众市场，但 VR 已经超越了悲观分析师预测的短暂趋势或狂热状态。VR 已经走上了长期增长的轨道，并在教育 VR、企业培训和企业 VR 等领域取得了巨大成功，此外还建立了忠实的游戏粉丝群。VR 正在持续增长，这反映在 Steam 的数字发行数据和企业成功案例的可见性增加上。这种增长还导致可用性知识的增加，包括为设计师提供更完善的工具箱。尽管还没有一个单一的可用性标准，但行业的最佳实践已经得到完善，VR 可用性可以被视为一个记录非常详尽的重点领域，拥有广泛的研究、大量的示例和展示。VR 市场由可用性领导者引领，这些 VR 应用通过卓越的可用性作为 UX 设计的重要组成部分而获得成功，并为行业树立了标杆。这些示例通常为成功的 VR 可用性构建了一个参考框架。

2.3.5 设定 VR 可用性标准

Valve 公司于 2020 年 3 月发布的游戏《半条命：Alyx》是 VR 可用性的绝佳参考，也是

VR用户体验设计的标准。《半条命》是一部著名的杰出IP，彻底改变了游戏的叙事方式，它于1989年首次发布，2004年推出开创性的续集《半条命2》。Alyx的VR版本被设计为《半条命2》事件之前的前传。该游戏因其整体游戏设计、交互概念、对细节的关注和叙事而广受好评。Alyx在Steam平台上获得了好评，被业界视为VR迄今为止最雄心勃勃、最完整、最令人信服的大型沉浸式娱乐作品之一。这款游戏以可定制的用户体验而出名，该体验基于最重要的UX设计功能，打造出令人满意的沉浸式世界。出于这些原因，这款游戏有资格成为用户体验标准的可用性参考和基准。

2.3.6 VR可用性的要素

《半条命：Alyx》在可用性方面做得很好。这是一项重要的成就，因为之前很多VR游戏在考虑VR可用性的核心要素时都存在问题。这些UX成就几乎没有一个是革命性的；相反，它们代表了谈到功能的可访问性和交互选项时的完善和完整性。可用性设计的这些元素是：

a）移动方式；
b）方向定位；
c）对象交互；
d）初始设置、用户引导和可访问性。

VR移动方式——选项至关重要：

在VR中，移动技术有一段痛苦的发展历史。即使自2013年以来的当代VR时代，也一直受到晕动病（也称为模拟晕动病）用户的困扰。数十年的模拟研究数据显示，大约25%～40%首次使用VR的用户会出现最初的模拟晕动病反应，这种反应会随着时间的推移而消失，而只有极少数的3%～5%的用户会出现持续的模拟晕动病反应。这些数据，加上媒体对VR普遍存在的模拟晕动病问题的报道，最初促使开发人员决定使用传送作为VR中的首选移动方法。但这一决定遭到了许多VR游戏玩家的拒绝，他们认为传送不适合他们的游戏风格。因此，他们要求使用经典的拇指杆控制（通常称为平滑移动），就像在传统的第一人称射击游戏和其他动作游戏中一样。解决这一难题的方法出奇的简单：提供两种选项，让用户（通过游戏选项）决定更偏好哪种移动方式。对于有晕动病的用户，可以选择传送式移动；对于没有晕动病的用户，可以选择FPS式的平滑移动。提供此选项现已成为VR中的可用性标准和最佳实践，适用于游戏玩法与特定移动方式无关的情况。为用户提供移动选项，让个人根据个人喜好选择喜欢的移动方式，可以为尽可能多的用户打开大门，无论玩家类型如何。移动方式的选择有以下几种。

- **屏幕淡入淡出传送**：开始时淡出，到达传送目的地时淡入，这对于敏感用户来说是最舒适的设置；这是 Alyx 中的默认设置，在游戏中称为 Blink。使用 Blink，可以在传送前设置目的地方向。可以使用模拟摇杆在偏好选项中自定义小幅移动调整。
- **快速直线运动**：众所周知，从当前位置到选定目的地的快速线性移动可以消除晕动病。原因是基于感觉错配理论（视觉刺激与前庭反馈相冲突）的模拟晕动病在使用高速穿越空间时会被消除。
- **平滑移动**：平滑移动最接近传统的第一人称游戏，通常是经验丰富的 VR 游戏玩家首选的移动类型。它提供了最身临其境的体验，因为探索空间是通过视觉运动视差来体验空间感知的。Alyx 提供基于头部方向和手部方向的平滑移动选项，在标题中将平滑移动称为连续运动。

针对不同用户类型（从初学者或对晕动病敏感的用户到具有"VR 腿"的经验丰富的游戏玩家）的移动选项是包容性 UX 设计的重要组成部分。

方向定位——即时旋转很重要：

在近期 VR 体验最佳实践的设计历史中，方向设置和控制通常享有较低的优先级。开发人员通常假设用户在体验过程中会站立，身体旋转应该以自然的方式进行，并坚持认为自然的身体旋转将提供更身临其境的体验模拟。基于这些假设，模拟摇杆的人为旋转被认为破坏沉浸感。事实证明这个假设是错误的。VR 用户不会将最常见的旋转类型——即时旋转视为破坏沉浸感；相反，他们认为这是游戏过程中重新定位的重要工具。除此之外，还存在用户无法转身的情况，可能因为他们坐在飞机上，或者由于位置限制或残疾而无法移动。很大一部分用户更喜欢坐式 VR 体验，尤其是在较长时间的会话或 VR 媒体消费方面。即时旋转已被证明适用于这些情况。事实证明，即时旋转并固定角度的运动不会引发晕动病。

VR 可用性的要点是即时旋转功能也应该可用，即使最初禁用了即时旋转功能，也可以在用户的游戏选项中激活它。即时旋转功能非常重要，如果不可用，可能会破坏原本不错的 VR 体验。许多 VR 游戏允许自定义即时旋转，包括不同的旋转角度和样式选项，例如平滑旋转与旋转角度。从最基本的层面上讲，15 度角的即时旋转能帮助用户在必要时重新调整方向，而不会导致 VR 标题在某些情况下无法播放。这是一个非常容易实现的选项，每个 VR 游戏都应该有它。Alyx 甚至可以提供以 15 度为增量从 15 度到 90 度的旋转角度，此外还提供具有可变速度设置的平滑旋转选项。

对象交互——使其变得有趣且直观：

Valve 的 Alyx 是直观 VR 对象交互的绝佳参考。对于需要大量对象探索和检查的 VR 游戏来说，这些对象通常位于难以触及的地方，因此能够将远处的对象"强制拉"到用户手中进行检查非常重要，这样才能保持动作的节奏流畅。这种"引力抓取"解决方案已经在许多 VR 游戏中使用，以克服像现实生活中那样移动每个物品并捡起它的耗时和烦琐的任务。在 Alyx 中添加 VR 引力抓取功能（称为"重力手套"）使游戏流程直观、有趣且流畅。除了基本的引力抓取功能外，重力手套还需要一些低级技能。为了能够抓住物品，用户必须翻转手腕，然后在正确的时机抓住它。这需要一些练习，但同时也为重复性任务增加了一些游戏性，使其成为令人满意且令人愉快的游戏机制。

在 Alyx 中，物品库存手势的设计非常直观且易于理解。为了储存拾起的弹药，用户只需用手势将其抛向身后的虚拟背包中。要访问库存中的物品，用户只需抓住身后的物品并将其带到前方。

对象交互是 VR 体验的核心。能够抓取对象、与对象交互、存储对象、检索对象和更改对象属性是可用性发挥关键作用的重要部分。Alyx 展示了如何在科幻游戏环境中正确完成交互，同时树立了可用性参考，可用于任何 VR 项目，无论是教育项目还是企业 VR。

初始设置和可访问性：

初始设置有助于满足不同类型的用户及其偏好。能够在站立和坐式游戏类型之间进行选择，意味着需要设置高度调整和蹲伏动作，以补偿仅从站立位置切换到坐着位置时失去的高度。此外，针对单手游戏、右撇子与左撇子模式、难度级别等的额外选项，以及为残障玩家提供的设置，使这款游戏成为一款包容性强且易于上手的作品，能够吸引所有类型的玩家。

2.3.7　Alyx：VR 可用性的黄金标准

VR 标准的演变表明，最佳实践会根据用户反馈不断发展，并最终取决于产品的成功及其评级。Alyx 是一款广受好评的优质产品，也是世界上最受珍视的 IP 之一，由一家在推动最新一波 VR 技术发展方面发挥了重要作用的公司打造。

这给了我们足够的理由将 Alyx 视为未来 VR 体验的参考框架，无论是可用性、选项还是自定义。为用户提供设置、移动和方向定位等关键要素的选项至关重要，除非 VR 项目受限于约束机制，导致这些选项变得多余、不可能或不必要。令人惊讶的是，很少有 VR 游戏提供 Alyx 允许的基本选项集。很大一部分 VR 游戏仍然不提供即时旋转，只有少数游戏提供除传送之外的平滑移动选项。

毫无疑问，VR 领域的最佳实践和可用性标准将随着时间的推移而进一步发展。用户测试等 UX 研究流程有助于为没有固定规则且通常仍处于实验阶段的领域带来更多见解。尽管如此，Alyx 等参考通过设定可用性标准来帮助指引方向，这些标准可以在未来得到扩展。

2.3.8 设计 VR 的未来，超越可用性

可用性只是 UX 设计的一部分，但在 VR 中它起着至关重要的作用。在其他 UX 设计模块到位之前，它是确切的。用户体验考虑因素必须建立在坚实的可用性框架之上，才能让体验变得有价值、有意义并且让人感到满意。

好消息是，随着技术的进步，更好的工具、改进的技术和更统一的标准将在不久的将来为设计师提供帮助。以下是一些影响 VR 用户体验设计的重要趋势。

统一的标准：

2019 年 OpenXR 1.0 的正式推出可视为让设计人员和开发人员更轻松地进行平台间开发和移植的第一步重要举措。OpenXR 解决了 XR 平台、引擎和技术的碎片化问题。OpenXR 应用和设备接口层允许来自任何引擎或平台的应用程序针对任何 VR 头戴式设备。这种标准化还将有助于简化有关控制器映射和交互设计的最佳实践和标准。我们应该期待统一的标准，例如关于按钮映射的标准，从而形成统一的用户体验和原型设计框架，使跨平台游戏和测试更容易、更快速、更易于沟通。

改进的技术以提供更高质量的体验：

预计未来几年将推出更轻、更舒适、分辨率更高、视野更宽阔的头戴式设备。更好的质量和舒适度意味着更长时间的会议不是问题，而目前小文本的可读性问题将有助于实现基于 XR 的虚拟办公室的长期愿景。我们可以期待眼动追踪和变焦光学系统能够提高视觉质量，并通过眼神交流为社交 VR 开辟新的机会。

VR 作为无线和社交 XR 未来的一部分：

未来十年及以后，首选的 VR 体验将是无线的。5G 网络的到来预计将使用支持云的社交 VR，不仅用于娱乐，还用于虚拟办公室。虚拟协同工作和基于虚拟形象的会议预计将彻底改变工作场所。WebVR 紧随 WebAR（也称为 WebXR）之后，预计将继续发展成为一个没有障碍和门槛的广泛可用平台。我们可以期待更多沉浸式虚拟复制品和 VR 房间重建以及持久可共

享的虚拟对象。越来越多的事物将拥有一个具有 VR 接入点的数字孪生体。

从 XR 融合到脑机接口：

VR 和 AR 有望融合为一种灵活的 XR 可穿戴设备。这种融合的先行者已经在两种设备类别中进行了测试。VR 头戴式设备中的 AR 功能已经通过 VR 直通选项建立，而 AR 设备上的 VR 功能已通过将透明眼镜变为不透明而成功启用。将这些实验性功能合并到可以同时实现 AR 和 VR 的 XR 设备中，是下一个合乎逻辑且具有革命性的步骤。XR 中的单一空间体验有可能在不同的可穿戴 AR 和 VR 设备类型以及一体式 XR 头戴式显示器之间共享，并为手持式移动屏幕提供接入点。除此之外，在不久的将来，我们可以期待更好、更广泛的触觉反馈以及更多包含人类感官的选项。目前，非侵入式脑机接口（BCI）研究显示，借助机器学习的额外帮助，有望增强世界互动和导航。脑机接口最有可能的引入将是协助手和控制器交互，实现神经辅助、免提通信，以减少残疾人的障碍，并使交互更快、更直观。

2.3.9 不断变化的数字环境中以用户为中心的设计

毫无疑问，XR 是工业 4.0 及其对消费市场的广泛影响的一部分。制造过程的变革反映了工作场所和家庭的数字化转型，XR 将越来越多地与日常活动（如通信、教育和电子商务）联系起来。

UX 设计在此过程中的作用是关注用户的需求，倡导可访问性和可用性标准，并在不断变化的数字环境中发挥用户代理的作用，将用户置于这种转型的中心，并创造将这些需求转化为有意义的体验的解决方案。

为了能够解决这些问题，UX 设计师需要更深入地了解 XR 的可能性，以及在数字 XR 产品的设计过程中出现问题时可以使用哪些工具来解决。

好消息是，由于行业环境的动态变化，我们看到了一些让这些任务变得更容易的新工具。一个例子就是 Microsoft Maquette 应用，它可以帮助完成 XR 的构思和原型设计过程。Maquette 应用让 XR 设计师勾勒出 AR 和 VR 的想法并创建模型，从而让他们能够向利益相关者和客户传达概念。我们很可能会在不久的将来看到更多此类原型设计工具，这反映了 XR 设计生态系统的不断发展。

2.3.10 VR 可用性启发式方法

在了解了 VR 在新兴 XR 行业中的发展前景以及可用性元素在交互设计中扮演的角色之

后，重要的是根据启发式评估，评估可以使用哪些方法以结构化的方式分析可用性反馈。

启发式意味着使用经验法则或有根据的猜测作为解决问题的捷径。最好的方法之一是使用 Jakob Nielsen 提出的十个用户界面设计可用性启发式方法。

使用这些作为蓝图来评估 VR 界面设计和可用性是一个很好的起点。它们以简短的形式列出：

1. 系统状态可见性（让用户了解情况）；
2. 系统与现实世界的匹配（说用户的语言）；
3. 用户控制和自由（帮助用户避免不必要的情况）；
4. 一致性和标准（遵循惯例）；
5. 错误预防（为用户提供确认选项）；
6. 识别而不是回忆（尽量减轻用户的记忆负担）；
7. 使用具有灵活性和效率（适合初学者和高级用户）；
8. 美观简约的设计（消除不相关的信息）；
9. 帮助用户识别、诊断和从错误中恢复（清楚地传达问题和解决方案）；
10. 帮助和文档（方便搜索答案）。

这种方法的好处是，在评估 VR 解决方案如何符合一般 UX 标准的同时，可以关注可用性和界面设计的最佳实践。除了 Jakob Nielsen 提出的一般用户界面启发式方法外，还有许多 VR 可用性启发式方法，由于 XR 前景的不断变化，这些方法通常具有高度主观性，并依赖于平台，有时还基于很快就会过时的假设。尽管如此，查看最新研究并根据目标设备和用例考虑启发式方法还是有意义的。

2.3.11　UX：VR 的故事板、构思和用户旅程地图

XR 产品的 UX 设计过程仍然处于高度实验阶段。虽然方法和原理没有改变，但实际实施仍在不断完善中。通常会出现一些显而易见的问题：如果设计冲刺需要中保真原型，那么最佳解决方案是什么？UX 设计流程中已通过网络和移动应用设计建立起来的某些领域可以轻松转移到 XR 设计流程中，而其他流程（例如原型设计）则不那么容易转移到空间设计中。与使用传统的线框图、内容模块的空间分配及其针对 2D 屏幕的优先级和行为相比，使用 3D 故事板方法来捕捉 VR 体验的 3D、空间叙事方面更有意义。对于 UX 构思过程，使用 3D 设计工具（例如 Blender）或 VR 中已有的 UX 和设计应用（例如 Gravity Sketch 或 Marquette）是有意义的。用户旅程地图及其所使用的 UX 流程可以转移到 VR，但优先级有所不同。

2.3.12 面向未来的设计方法

考虑到更大的 XR 前景，XR 设计师可以专注于空间计算设计的核心优势，而不仅仅是当前的头戴式设备世代或最喜欢的功能风格。虽然可用性启发式和最佳实践在短期内是很好的解决方案，但它们可能很快就会过时。因此，必须高度重视方法和系统思维。在实践高效的同时拥有弹性目标有助于专注于所有数字媒体（包括 XR 应用）固有的基本设计原则。UX 设计方法是通用的，既适用于厨房餐桌的设计，也适用于 VR 飞行模拟器的设计。UX 设计的方法、原则和流程对于任何类型的产品来说本质上都是相同的。然而，在实践层面上，行业、部门和设备启发式以及最佳实践都在不断变化。例如，VR 启发式有时可能过于狭隘或过于笼统，而在更广泛的数字媒体设计领域几乎不会造成问题的重要方面，需要在 VR 中得到更多关注。一个例子是排版和文本可读性的作用，由于技术限制，这从一开始就困扰着 VR。为了避免忽视这类问题，退一步考虑一下 Nielson 的可用性目标往往是个好主意：易学性、高效、可记忆性、错误预防和满意度。将这些目标作为可用性评估过程的指导原则，是追踪设计成功的 XR 体验的长期目标的可靠方法。

2.4 AR：手持式 AR 成功案例、原型和 AR 云

通过 Snapchat 等消息应用程序和经常被提及的 *Pokemon Go* 等休闲游戏中的过滤器叠加，使用手机或平板电脑的手持式 AR 技术已经进入主流。该技术还应用于汽车后泊车辅助系统，通过带有 AR 叠加的后置摄像头视频监视器，引导驾驶员按照车辆绕过障碍物的预计轨迹行驶。

这些例子表明，提供对用户有用的交互式应用的入门级别从相对较低的技术最低要求开始。相比之下，允许用户在环境中与立体全息图进行交互的 AR 眼镜，如微软的 HoloLens 2（图 2-4），其技术要求本质上要复杂得多。

一个高端 AR 应用充分理解用户的环境所需的信息涉及一系列复杂的任务。如果要求 AR 组件与环境对象进行美观且有意义的交互，那么 AR 应用必须完全理解和解释每个用户独特的环境情况。计算机视觉被用于 3D 重建和语义分割，以理解场景上下文以便进行修改。检测、记录、追踪和解释一个空间，包括其深度信息、由此产生的遮挡，以及对象的性质、表面、它们的材料属性和所处的光照条件，是一项复杂的计算工作。考虑到应用必须在任何独特的空间中工作，从工业仓库到杂乱的厨房，AR 传感器技术有很多需要覆盖的内容。

环境情况的多样性对于 UX 设计至关重要：在 VR 开发中，环境布局完全由设计者创建，

而在 AR 中，它依赖于用户实际周围环境的个体情况。

图 2-4　微软 HoloLens 2（图片由 C. Hillmann 提供）

从长远来看，我们期望 AR 能够通过机器学习理解和识别任何单个对象和任何可能的环境情况。这当然是一个巨大的挑战，因为对象和表面的种类无穷无尽，自然环境的整体复杂性很高，包括不断移动、变形和变化的有机物。

在目前的状态下，AR 在专注于有限的环境特征子集时效果最佳。目前，环境特征除了通过标记或对象预定义的模式外，还有考虑深度和遮挡的平坦和有角度的表面区域。

2.4.1　AR 应用类型及设备类别

尽管 AR 设备可能存在巨大差异，但考虑到手持手机和平板电脑以及可穿戴 AR 眼镜（如 Microsoft HoloLens），主要的 AR 应用类型在所有设备类别中都是一致的。这些类型包括：

a）基于标记的 AR：标记是 AR 应用可以识别并用作触发器的独特模式。标记可以是二维码，也可以是应用程序使用作为锚点的独特预定义设计模式。例如，AR 图书可通过书页上的标记来扩展 3D 内容。

b）无标记 AR：无标记 AR 使用 SLAM（同步定位和地图构建）流程将内容放置在环境中。一个例子是 IKEA Place 应用程序，它让用户使用无标记 AR 在自己的家庭环境中尝试家具设计。

c）基于位置的 AR：数字 AR 内容需要 GPS、指南针、加速度计或任何其他属于基于位置的 AR 的定位系统，虚拟对象与特定位置绑定，例如导览地图、文化和遗产指南，以及基于 AR 位置的游戏，例如著名的 *Pokemon Go* 游戏。

如果应用为以下任一设备类别设计，那么这三种 AR 应用类型可与此类设备一起使用：

1. 手持移动 AR 设备，例如平板电脑或手机。
2. AR 头戴式设备，例如 Magic Leap 1 或 Microsoft HoloLens。

对于 UX 设计师来说，除了 AR 类型之外，最重要的区别在于设备类别：手持式 AR 或可穿戴 AR 眼镜。手持式 AR 设备的交互设计在很大程度上遵循了移动和网络应用的 UX/UI 设计规则集，而可穿戴 AR 眼镜，支持立体感知和手势或控制器交互，遵循更接近 VR 的 UX 惯例的空间交互规则集。

针对交互式内容的设计解决方案从根本上来说在每种情况下都不同：在手持式 AR 设备上，通过使用屏幕触摸控制；或者，在带有手势或手持控制器的 AR 头戴式设备上，通过在投影的 3D 空间内进行交互。

2.4.2 基于投影的 AR

有一种 AR 类别不属于这些设备类别、应用类型和用例：它被称为基于投影的 AR 或投影式 AR。基于投影的 AR 系统允许用户通过手势或其他输入方法与投影图像进行交互。用例范围从汽车挡风玻璃 AR（作为智能驾驶辅助）到大型艺术装置（通常与投影映射结合使用）。投影式 AR 历史悠久，曾经是最常见、最明显的 AR 形式。一旦 AR 眼镜变得更加普及，许多投影式 AR 用例将被取代，因为理论上任何投影都可以在 AR 头戴式显示器中模拟。

其余的投影式 AR 应用仍属于高度专业化的小众领域，通常专注于实验性的现场表演或独特的活动，其中定制装置在有限的空间内与参观者进行互动。

专注于投影式 AR 的 UX 设计师经常使用软件 TouchDesigner 和专门的动作捕捉设备（如 Microsoft Kinect）来创建沉浸式和交互式的实时内容。该软件使用基于节点的可视化脚本语言，非常灵活地支持多种视听输入方法来驱动其媒体系统。

这种 AR 类型不适用于面向大众的标准化硬件，因此本书不会介绍它。这是一个高度专业化的领域，需要针对其独特需求、问题和用例编写专门的文档。不过，对于愿意专攻该领域的 UX 设计师来说，这是一个值得关注的领域。

2.4.3 AR 路线图

AR 领域中的 UX 设计师面临的一个挑战是各种设备具有不同的功能。有些 AR 设备配备了比其他设备更好的传感器。一个例子是苹果推出的 iPad 和 iPhone 系列上的 LiDAR（光检测和测距）扫描仪。LiDAR 扫描仪可以更精确地捕捉房间的 3D 特征，从而更好地遮挡嵌入环境中的物体。结果是对被现实物体覆盖的物体有了更加令人信服和逼真的感知，本质上是真实环境和虚拟 AR 物体交汇处的遮挡精度更高。在遮挡起重要作用的应用或游戏中，这种增强功能可能是成败的关键。2014 年，谷歌通过 Project Tango 首次尝试利用专用硬件增强标准移动设备功能。尽管集成特殊 3D 传感器的手机能够提供更出色的效果，但 Project Tango 于 2017 年被关闭，谷歌将重点转移到纯软件平台 ARCore（苹果 ARKit 的竞争对手）上，因为它的扩展性更强，有可能覆盖所有移动设备。

基本上，所有的现代手机和平板电脑都或多或少地支持 AR 技术，但没有一个特定的标准来将手持设备分类为"AR 就绪"，以设定保证高质量体验所需的技术规格的最低门槛。

UX 设计师面临的另一个挑战是 AR 世界正在从手持式 AR 过渡到使用头戴式设备的可穿戴 AR 的早期阶段。虽然大多数 AR 应用都是为手持设备设计的，但最好关注一种设计解决方案，使从手持屏幕交互过渡到基于相同 AR 内容的使用 AR 头戴式设备进行的空间交互平稳一致。未来十年预计将简化各种设备和技术，而 UX 设计师的角色是倡导以用户为中心的观点，以保证尽可能多的用户类型的可访问性和包容性。

2.4.4 AR 成功案例

自 2013 年引入现代用途以来，手持式 AR 应用已有许多有据可查的成功案例。基于标记的 AR 最早以二维码的形式出现在印刷产品中，通过在印刷图像的上下文中触发多媒体来增强内容。2D 图像的附加 3D 视图增加了价值，尤其是在教育环境中。漫画书已成功使用基于标记的 AR 将动画序列添加到静态页面图像中。添加了 AR 内容的儿童书籍非常受欢迎且非常成功，因为它们可以让孩子更深入地了解故事，从而提高学习潜力。AR 经常被用作技术复杂的硬件的培训扩展以及消费产品的解释器。梅赛德斯 - 奔驰于 2018 年推出了基于 AR 的手册。名为"Ask Mercedes"的 AR 手册应用程序通过手机或平板电脑上的上下文和交互式 AR 层来解释汽车的功能。教育性 AR 已被证明是有效的，通常为静态文档提供上下文学习帮助，例如在工业机械培训中，基于标记的 AR 方法提供了一种快速访问操作上下文的简单解决方案。

无标记 AR 的社交媒体先驱之一是应用程序 Snapchat。在摄像头捕捉的环境中启用嵌入

AR 的 3D 对象和追踪人像视频叠加已成为社交媒体环境中 AR 最受欢迎的用例之一。这一成功案例启发了包括 Facebook 和 Instagram 在内的其他消息服务。

基于位置的 AR 最受推崇的当属谷歌地图，它允许用户跟随嵌入环境的标记到达目的地。当代 AR 电子商务的典型示例是允许消费者使用智能手机摄像头试用化妆品、文身、帽子或配饰的应用程序。Vuforia Chalk 率先推出了远程协助，它是一种易于实施的 AR 解决方案，用于帮助解决企业领域的技术问题。AR 最引人注目的展示之一仍然是前面提到的 IKEA Place 应用程序，它允许用户在家庭环境中试用虚拟家具。手持式 AR 已被证明可以解决现实世界的问题。下一代消费级 AR 头戴式显示器很可能会加速这一发展，并以更沉浸的立体视图展示这些优势。

2.4.5 AR 空间的 UX 设计

手持式 AR 的 UX 设计必须考虑到环境是设计背景的一部分这一事实。这一事实使其不同于移动和网页设计方法，在这些方法中，交互仅限于屏幕和应用程序的 UI。另一个重要方面是 AR 对象存在于 3D 世界中。这意味着对象必须设计成三维几何体。即使对象是二维平面，它仍然处于三维环境中，而且通常可以从不同的三维视角来观看；因此，必须考虑其三维环境。

通常需要特定的解决方案，例如用户环境指导和屏幕外对象通知，以确保流程不会中断。3D 内容和可能的触发动画需要以适合 AR 的方式进行设计。为了帮助进行原型设计，越来越多种类的 AR 设计应用程序有助于简化这一流程，否则如果仅使用以 ARCore 和 ARKit 为平台的 Unity 或 Unreal 作为起点，这个过程将会非常技术化。

例如，Adobe Aero 可以使用导入的 3D 对象在环境中进行 UX 设计中的原型设计和用户交互测试。该应用允许测试和微调典型的对象属性，例如触发器类型和触发器操作。这使 UX 设计师能够评估 3D 设计选择，然后根据测试结果进行调整。更复杂的基于网络的生产和原型设计工具（例如 AWS 的 Sumerian 应用）使用可视化脚本为交互设计提供了更完整的原型设计解决方案，而原型设计应用程序 Microsoft Marquette 是用于 XR 中空间构思的复杂工具。

在基础层面上，AR 原型设计工具为规划核心组件、空间布局、用户界面（UI）和对象组件提供了一个沙盒，以测试某个想法或概念。使用这些工具来绘制关于用户入门、用户流程和 UI 交互的想法，是开发过程中的一个有用捷径。在 AR 中，构思和原型设计起着重要作用，因为 3D 环境中的微小变化可能会产生巨大影响。当放置的 AR 对象的位置或大小很重要时，需要进行微调和测试。视觉刺激（例如动画）有助于发出信号，表明对象是否已更改其属性、是否已变为活动状态或处于正在等待操作。语音和声音通常有助于导航和协助。用户测试有助于评估 AR 设计是否实现了预期结果。与 UX/UI 网络和移动设计最佳实践相比，用户可能会发现很难旋转对象、重新调整视图或导航活动项目。因此，能够帮助提高应用可用性的视觉语言必须成为设计解决方案的一部分。当将数字 AR 产品的 UX 设计与移动和网络应用的 UX 方法进行比较时，额外的职责和可能的陷阱是多方面的。

可穿戴 AR 无疑是一个新兴行业，尽管技术和用例很好地描绘了随着时间的推移更广泛的应用将如何发展，但仍不清楚消费者将如何以及在多大程度上接受它。用户偏好和市场情绪有时很难预测。为了说明这一点，我们可以看看 2013 年第一款面向消费者发布的谷歌眼镜的失败。这款设备当时是一款尖端的 AR 可穿戴设备，具有许多先进和有用的功能，其中包括位置感知通知，但却被整个市场完全拒绝。谷歌眼镜的失败给 UX 设计师带来了一个重要的教训，即意想不到的事情可能会发生，或者优先级较低的项目可能会成为一个大问题。在这种情况下，用户体验的社会文化方面被推到了最前沿。AR 设备需要被社会接受才能舒适地被使用。任何设备都必须经过社交互动测试，这是 UX 设计的一项主要职责。谷歌眼镜在这方面没有成功；人们对谷歌眼镜的负面看法是由于担心通过外置摄像头侵犯隐私。该项目遭遇了强烈的反对，除了摄像头引发的争议之外，它还引发了一场关于其可能存在的用户体验缺陷和不明确的用户利益的激烈争论。从手持式 AR 到可穿戴 AR 设备的转变对于 UX 设计师来说是一个巨大的转变，而围绕原始谷歌眼镜的问题的例子表明，用户体验问题可能出现在人们意想不到的地方。使用可穿戴 AR 设备可能会产生不必要的副作用，在公共场所使用时可能会成为问题。某些动作或手势可能不为社会所接受，或不具包容性，或在公共场所被视为不安全的，例如在交通中或任何可能发生事故的地方。有许多例子表明，除了产品设计之外，全面看待 AR 的 UX 设计是多么重要，谷歌眼镜就是一个很好的例子。

很多时候，超越技术并思考人类体验的意义是什么，以及哪些因素对这种体验有积极的影响，会有所帮助。将新兴技术比作进入一个陌生的国家，它们背后的体验类似。我需要哪些信息和帮助才能感到舒适和安全？我该如何出行？我应该注意什么才能不冒犯任何人并融入当地？提前提供哪些信息，让我可以放心进入？UX 研究人员使用角色扮演来演绎用户体验中发生的事情。观察角色扮演中的动机和习惯是一种以技术无关的方式探索该主题的好方法。UX 研究人员借此机会深入研究人文学科，探索与行为模式的更深层次联系以及它们与体验整体视图的关系。

2.4.5.1 隐私用户体验

隐私是用户体验的一部分，或者更确切地说，已经成为用户体验的一部分。虽然十年前隐私是事后才想到的，但由于社交媒体前景的变化，隐私现在已移至首位。用户希望能够控制其数据的使用地点和时间、使用对象，以及他们可以使用哪些选项来限制对其个人信息的访问。隐私用户体验目前在用户对数字产品的感受中发挥着重要作用。

谷歌眼镜是第一款引发了很多关于隐私和 AR 问题的产品。因此，谷歌将产品从消费者市场转向企业市场。谷歌眼镜企业版现在专注于配备平视显示器的制造工作场所，通过计算机视觉和机器学习提供上下文信息。

谷歌眼镜的隐私危机表明，AR 技术触及了很多涉及数据隐私的敏感领域。这表明头戴式设备开发商传达他们的隐私理念是多么重要。

AR 技术基于不断扫描和分析环境并将信息发送到网上的概念，这可能是一场隐私噩梦。消费者对于数据如何被收集、在哪里收集、以什么形式收集以及存储多久等问题有着合理的担忧。如果用户的私人公寓被 AR 设备扫描，包括他们可能不希望分享的细节，那么在系统需要这些数据的情况下，如何确保这些数据在远程服务器上安全、加密且私密地保存呢？微软表示，它通过模糊化处理收集到的数据来应对这个问题，因此，3D 点云和定位信息都被隐藏了，并且不会影响性能或准确性，从而无法被滥用。

Facebook Reality Labs 在 Project Aria 指南中承认了广泛流传的人们对于数据隐私的担忧。Project Aria 是一个研究项目，旨在收集数据用于即将推出的 Facebook AR 云 Live Maps。该项目旨在为即将与 Facebook AR 眼镜交互的 AR 云建立安全保障和政策。Project Aria 的数据收集通过一个隐私过滤器自动模糊人脸和车牌。

AR 云背后的伟大理念是万物互联的数字孪生，在某种程度上相当于谷歌地图，但规模更大、更详细，能够提供个性化和情境化的帮助。AR 云通常被称为镜像世界，但也有其他各种名称。Magic Leap 将其命名为 Magicverse；Facebook 将其称为 Live Maps。它是未来空间计算的数据基础设施，允许在现实之上添加增强层。在某种程度上，这意味着将互联网从屏幕转移到实际环境中。AR 云是一个大型基础设施项目，需要数年时间才能成为日常生活的自然组成部分。虽然这种发展一直是反乌托邦恐惧的主题，但考虑到一个具有自主 AI、物联网和区块链基础设施的环境，它同样也是教育、学习、小企业市场准入以及提高远程工作效率的机会。同时，AR 云愿景涉及许多与 UX 设计相关的问题，从用户的角度来看，数据共享和隐私是最紧迫的问题之一。

AR 云最明显的好处是在空间数字环境中共享数据的概念。数字对象可以在公共场合或用户群之间共享，就像人们在现实世界的物品上贴便利贴一样。AR 中的持久数字对象可以通过视觉线索传达想法，但除此之外，还允许功能进行交易并彻底改变用户感知和与周围世界互动的方式。持久数字对象通过谷歌的 ARCore Cloud Anchors 和苹果的 ARKit Location Anchors 以及地理位置标签中定义更宽松的持久性来实现，这些标签只能提供粗略的地理空间增强，而没有精确的深度图定位。持久性数字对象的使用场景多样，从工作场所的虚拟和共享显示器，到家庭娱乐系统屏幕周围的扩展内容等。一旦舒适度、视觉质量和视野达到一定程度，AR 可穿戴设备将成为日常生活的一部分，下一阶段将是用户环境的 AR 重新映射，有时也称为"换肤"。如果技术足够有说服力，在空墙上放置一幅虚拟画的效果几乎可以和真画一样好。AR 重新映射甚至可以改变室内装饰的外观，包括家具，为 AR "换肤"经济打开大门，提供 AR 家具和室内装饰外观来增强 AR 环境，例如，如果技术支持一个令人信服的选择性透明度系统，可以用一个相同尺寸但作为数字叠加的古董柜替换一组抽屉。用户在与真实的物理对象交互时将享受到相同的触感，但在 AR 中却有不同的外观。VR 爱好者已经用房间规模的 VR 进行了类似的实验，他们以 3D 方式重建了自己的公寓，并将其映射到真实世界的精确尺寸上。用数字家具替换家具有着触觉真实感的优势，其真实感与 VR 商场中经常使用的触觉真实感相同。重新映射的潜力是惊人的，也是 XR 未来的一个重大承诺。

在 AR 云中共享的持久 AR 对象可以被视为为数字和空间商品的新 XR 经济奠定基础。我们可以预期多个 AR 云将争夺消费者，就像当今的数字经济通过竞争平台进行划分一样。

AR 演进的一个方面也是它与使用相同数字基础设施和空间数据的 VR 应用的交互。从长远来看，从 AR 到 VR 的过渡预计将是流畅的，反之亦然。一旦解决了舒适度、分辨率和视场方面的技术障碍，将 AR 和 VR 的功能和特性合并到一个全能的 XR 设备中似乎是未来某个时候合乎逻辑的一步。在大部分时间处于 AR 状态时，在需要时打开或关闭 VR 肯定是有意义的。在这种环境下，UX 设计的挑战是衡量和应用最适合用户的方法，考虑推动这种体验的关键属性，并与用户优先级的演变保持同步。最后，AR 演进是为了使复杂的事情变得更容易，并随着时间的推移理解用户的绘制点、行为、目标和需求（目标、需求和优先级可能随着时间的推移而改变，正如人们对数据安全日益增长的关注所显示的那样）。

2.5 XR 游戏化的新时代：用户体验和用户参与度

UX 设计的兴起和新兴 XR 生态系统的出现，与游戏化（一种激励信息系统中的大趋势）的成功相辅相成。游戏化是在非游戏环境中运用游戏机制和游戏设计原理来提高用户参与度。游戏化在 XR 应用中吸引和留住用户方面起着重要作用的原因有多个。首先，游戏化是有效的。自 2002 年这个概念广泛流行以来，它就是一个无可争议的成功案例。当时，游戏设计师 Nick Pelling 创造了这个术语，将诸如积分、奖励和批次等游戏机制应用于非游戏应用。与此同时，大约也在 2002 年，游戏行业的一个新分支——严肃游戏，作为教育模拟和行为训练的解决方案而确立了自己的地位。严肃游戏是指为培训或学习目的而设计的游戏，而不是为了娱乐，常用于危机模拟、法医调查和疏散训练等。虽然严肃游戏行业仍然是一个小众市场，但游戏化已经席卷全球，自 2010 年以来已经渗透到健身、教育以及几乎所有需要激励和参与的领域。然而，游戏化和在电子学习和社交媒体参与中使用游戏化角色的技术已经取得了巨大的成功。

游戏化已经成为主流，它已经成为 XR 设计师通过构建用户体验激励和帮助用户的系统来创造用户参与度的工具（图 2-5）。

图 2-5　游戏化流程（图片由 C. Hillmann 提供）

游戏化也已成熟，不再只是使用排行榜和成就等典型机制，还有更多可以实现类似目标但元素不那么明显的微妙形式。

其中一个原因是游戏化元素必须在那些不适合加入趣味元素的主题中发挥作用。例如，将医疗程序的 UX 设计游戏化时，必须反映用户的实际情况。微妙的游戏化运用游戏化的核心元素，设定目标和规则集作为 UX 设计的一部分，从而激励行为成功掌握并完成体验。

例如，在电子商务应用中，对于典型的游戏化图标示例，视觉语言需要根据数字产品的情感和特性进行调整。可以用细微的勾选标记来表示已完成的区域，并通过视觉信号告知用户产品的某个部分已经被成功探索。这样的游戏化机制虽然不显眼，但仍然能够有效地帮助用户。

对于仍相对较新的 XR 技术，游戏化可以帮助用户进行方向辨认、确认和新手引导。新的 XR 用户通常担心自己面对的方向不对或者看错了东西，他们常常不确定自己执行的操作是否正确。在空间 XR 环境中，数字对象通常以 360 度散布，在用户不确定应用的方向和目标时这可能导致发现问题或出现可用性缺陷。

对于 UX 设计师来说，游戏化可以成为解决 XR 体验中空间设计问题的重要工具。但也需要注意的是，游戏化会为设计增添一层新的复杂性，并且在许多情况下可能涉及预算问题。除了基本的 UX 设计之外，还需要设计、实施和测试游戏机制。

2.5.1 XR 游戏化层

为了将游戏化的微妙内在刺激作为 XR 项目的 UX 设计层，我们需要了解游戏化的关键要素，即

- 动机；
- 精通；
- 触发器。

动机：

动机是驱动用户行为以获得奖励的力量，例如满足感、幸福感和积极情绪，以及徽章、奖杯和排名。这里的关键问题是："我们为什么要做这些事？"

精通：

精通是掌握技能的过程，并伴随成就感。随着我们通过游戏机制不断进步，通过坚持不懈地增加知识，我们会获得一种精通感和克服挑战完成任务的感觉。这里的关键问题是："我们如何做这些事情？"

触发器：

触发器是提示用户立即采取行动的信号。触发器用于指导用户在适当的时间完成目标行为，以引导用户的行为反应。触发器会在特定的关键时间点产生积极反馈，例如当用户参与度可能较低时。触发器的关键问题是："我们何时做这些事？"

2.5.2 XR 游戏化工具集

建立游戏化框架通常是实现 XR 产品游戏化的最佳第一步。一个框架，如流行的 Octalysis

系统，允许在高概念层面上分析人类动机的驱动力与产品目标的关系。通过识别核心行为驱动因素，就可以概念化和原型化实际的游戏机制。幸运的是，XR 开发工具基于游戏引擎，游戏化组件是其核心技术的一部分，因此非常容易使用。Unreal 和 Unity 游戏引擎都具有易于实现的游戏功能，不仅可以用于游戏，还可以用于游戏化。一个典型的例子是进度条，它是游戏中的核心组件，经常用作血条或显示弹药量和总体能力值。进度条是游戏化元素之一，已融入了许多日常流程。基于网络的在线注册服务通常附带进度条，以显示个人资料信息的完成程度以及缺少哪些元素。进度条是一种强大的视觉信号，通过显示距离最终目标的百分比来激励用户完成任务。这 过程背后的心理学原理是任务完成后的成就感。完成任务后，大脑会释放内啡肽作为奖励，从而产生幸福感和满足感。一旦我们完成了所需的任务并达到了目标，我们就会因为有所成就而感到高兴。人类的大脑有一种根深蒂固的冲动，想要清理干净、全部完成和整理，进度条为我们提供了这样做的视觉激励。如果我们不遵循这种冲动，我们可能会留下一种不完整的感觉，这会导致紧张或压力，即使这种感觉不易察觉。

当然，进度条可以有多种不同的形式，如任务列表或能力计，以及级别指示器。它既有消极的刺激，也有积极的强化：消极是未完成状态，积极是成就。一旦完全完成，它可能在其各种变体中触发另一个游戏化组件，即徽章或奖杯。

2.5.3 通过游戏化方式实现 XR 新手引导

进度条是 XR 新手引导中一个有用的核心组件。作为一项新兴技术，XR 应用对很大一部分人来说仍然是新事物。与用户熟悉交互标准（例如触摸手势）的成熟移动技术相比，缺乏经验的 XR 用户可能会对 XR 应用的新手引导流程感到不确定和不安。游戏化在这里发挥着重要作用，因为它有助于通过保证和激励来引导用户的注意力。其他典型示例是 VR 应用的入门教程级别，它通过游戏化的指南教授基础知识，例如移动和对象交互。完成教程部分后，使用进度条、徽章和奖杯等的典型游戏化工具已被证明在 XR 环境中效果良好。最好的例子之一是 Oculus 入门应用程序 First Steps，它以有趣、好玩且引人入胜的方式向新用户介绍 VR，同时介绍设备的功能和惯例。

2.5.4 VR 与游戏化

基于模拟的训练结合 VR 和游戏化取得了巨大成功。为了学习新技能和新行为，VR 提供了一个新的机会和新颖的方法，让参与者对学习环境有真实的感觉。具有游戏机制的教育性 VR 应用通常能够采用支架式方法学习材料，同时利用 VR 体验的沉浸式和隐蔽性。这种方法已成功应用于医学学习，利用游戏化方式在训练期间找出正确答案。医学学习就是一个很好的例子，其中有趣的互动在 VR 中非常有效，因为可以拉近并放大目标对象以识别感兴趣的区域，同时仍能关注对象的上下文。沉浸式 VR 学习使用分数、徽章、奖杯和排名，已被证明可以增强学习体验、提高用户参与度并改善学习效果。VR 学习是一个成功的故事，预计将进一步扩展到模拟环境很重要的其他领域，例如企业和安全培训。

XR 游戏化发挥重要作用的另一个领域是 VR 健身。由于 VR 技术的空间特性，健身已成为 VR 的自然用例。借助 VR 头戴式显示器移动身体，由于其运动追踪数据和由此产生的反馈，有很大潜力优化训练。VR 健身是一个显眼的未来市场，也是开发人员的机会。一旦头戴式设备变得更轻便且更易于清洁，不利于健身的因素（头戴式设备不适、排汗和卫生等）将随着时间的推移而得到改善。与此同时，吸汗的一次性 VR 外壳已成为 VR 健身爱好者可接受的解决方案。由 vrfitnessinsider 等重点新闻网站牵头的热情而专注的 VR 健身社区有助于追踪最新发展，并利用 VR 支持来创新健身装备。

为 VR 健身产品构思游戏化功能是一个简单的过程。由于大多数 VR 健身产品模拟的是现实生活情况，因此有必要研究哪些游戏化功能和概念在现实生活中效果良好，并将这些知识转移到模拟的 VR 健身世界中。

一个例子是研究像 Fitbit 这样的市场引领者是如何取得成功的。Fitbit 是一家以用户体验为主导的公司，以成功实现游戏化而闻名。将 Fitbit 的成功公式转移到 XR 游戏化意味着应用 UX 设计流程，通过识别用户痛点并解决阻碍 VR 锻炼变得有趣、愉快和令人满意的问题。游戏化帮助 Fitbit 使锻炼具有足够的竞争性、社交性和挑战性，以保持用户的参与度，同时保持流程足够简单。配套的应用程序通过简洁的用户界面帮助用户轻松检查进度，此外还提供有趣的奖励和积极的推动，以取得更好的成就。

大多数标准的游戏化功能都可以在领先的 VirZOOM 和 Holodia 的 VR 自行车解决方案中找到。VR 环境是健身游戏化的理想场所，它通过有趣的元素来提高用户动力和参与度，从而分散人们对锻炼中可能令人不快和重复性任务的注意力。

基于 UX 设计解决方案的游戏化 XR 健身处于一个新兴行业的前沿，这一新兴行业将在未来几年影响个人健身。VR 有望成为健身行业的一股主要力量，因为它有可能解决用户面临的许多问题。以游戏化为重点的 UX 设计流程释放了新的机会，这些是现实生活中的健身追踪应用程序所没有的。能够根据用户的角色定制沉浸式环境，引导用户流程并提供定制体验，该体验针对用户当时的需求，同时分析和解释用户的运动数据，改善反馈和结果，这是长期愿景。毫不奇怪，以锻炼为导向的 VR 应用程序（如 Beat Saber 和 BOXVR）是最畅销的 VR 游戏之一。VR 中的房间规模运动对于有趣的锻炼来说是一个明显的胜利，就像任天堂的 *Wii Sports* 因包含身体游戏而立即为公司带来了成功一样。任天堂的 *Wii Sports* 的成功使 Wii 成为健身游戏化的先驱，很可能启发了许多其他体育游戏，包括 Oculus Quest 上的 Sports Scramble。

2.5.5 AR 游戏化

游戏化 AR 应用在有限的手持设备领域取得了成功。一旦 AR 可穿戴设备成为主流，它们有望彻底改变市场和零售业。将购物日常转变为沉浸式的游戏化体验，为品牌带来了诸多好处。在零售货架上追踪用户参与度，将奖励和忠诚度系统扩展到现场互动，以及使用 AR 镜像和叠加层进行试用的额外选项，都有可能使品牌更具吸引力和情感化。AR 游戏化有可能将品牌的故事栩栩如生地呈现在用户眼前。长期的好处是提高品牌知名度、品牌忠诚度，最终提高销量。已被证明适用于网络和移动应用的游戏化策略，可以通过嵌入品牌空间的 AR 游戏化层，带入现实世界中。

游戏化的 AR 也正在通过个性化、基于位置的营销重塑旅游和酒店业。像 AR 增强的导游服务、基于位置的个性化特别优惠、基于获得的徽章或奖杯的特殊奖励、沉浸式导航辅助以及 AR 支持的酒店功能等，都使品牌在竞争激烈的市场中获得了优势。

除了市场和零售业，AR 游戏化在具有教育背景的地点获取知识方面也大放异彩。历史遗址、博物馆和文化遗产项目能够从游戏化的 AR 方法中受益，这种方法鼓励用户参与展览、对此产生兴趣并与展品进行互动。例如，基于地图的寻宝游戏可以作为穿过历史遗址的半自动化指南，鼓励用户获得一组代币、硬币或徽章，并在社交媒体上分享成功完成的情况。

使用 AR 游戏化的遗产体验已成功应用于手持移动设备。该方法已被证明可以激发公众兴趣并提高用户对展览的参与度。案例研究已经表明，UX 设计流程对于开发应用概念至关重要，尽管需要通过焦点小组进行构思、原型设计和可用性测试。一旦可穿戴 AR 设备变得广泛可用且价格合理，足以进入大众市场，手持式 AR 的游戏化经验和教训的积累将极大地推动可穿戴 AR 的应用场景。游戏机制和用例在很大程度上是相似的，但可穿戴 AR 眼镜能够提供更具说服力的体验，这一事实预计将成为未来 AR 发展道路上改善学习体验的巨大加速器。

2.6 总结

本章回顾了 XR 行业的历史和未来，以及其可用性痛点、用例和参考标题。探讨了 XR 体验的核心组件、设备和应用类型，以及体验类别，并评估了数字经济中的大趋势如何塑造未来的 XR 生态系统。本章还研究了 XR 的最佳实践和启发式方法，并在新兴 AR 云的背景下审视了隐私 UX 的重要性。最后，分析了 UX 作为 XR 范式转变的激活因素所起的作用，以及游戏化的兴起如何更好地为用户参与打开大门。

第 3 章

用户体验的崛起及其如何推动 XR 用户采用

3.1 引言

本章专门讨论 UX 和 XR 的经济背景。UX 对游戏行业意味着什么？游戏引擎工具集和框架对于数字 XR 产品的成功变得更加重要，数字环境发生了哪些变化？近期 VR 历史中有哪些面向未来的用例和新兴标准？哪种设计理念与 XR 设计师的未来角色最为相关？

3.2 用户体验和下一件大事的宏观经济学

UX 设计在很大程度上是一种战略性商业工具。在利用技术帮助解决用户问题的同时，它在一定程度上也是为了实现其商业目标并赢得用户青睐。一个流行的简图说明了这一点，将 UX 定位在业务和用户之间的中心交汇处（图 3-1）。

图 3-1　UX 定位（图片由 C. Hillmann 提供）

在网络和移动应用开发领域，这一模式一直是数字经济最重要的成功因素。技术创新必须解决用户问题，而解决问题必须与商业模式相结合才能实现增长。蓬勃发展的数字经济依赖于通过扩张来创造长期价值的增长。这种生态系统让企业能够随着时间推移不断改进产品和服务，最终提升用户价值，并且反哺技术创新。UX 是这一不断扩张的生态系统的核心，在创造价值的过程中发挥着关键作用。

当然，这个过程不仅适用于数字产品，也适用于任何东西，无论是数字的还是物理的。然而，正是数字化和始终互联的经济才创造了快速增长的环境。数字全球化已成为众多电子商务新星的催化剂，并将继续推动利用数字时代跨境机会的初创企业的快速扩张。始于 20 世纪 90 年代的数字颠覆时代仍处于早期阶段，并将继续彻底改变社会、文化和经济。一旦最初的障碍被消除，AR 和 VR 将成为创造新的增长机会和为人们赋能的一部分。

3.2.1　UX 设计师与数字经济

UX 设计流程的成功、它对经济增长领域的重要性以及它为成功的且往往具有颠覆性的数字产品创造的巨大价值，也为设计师开辟了新的机会。UX 设计师面临着开发人员日益增长的需求，此外，他们还享受着一个蓬勃发展的生态系统，其中充满了面向该行业的新工具和服务。从长远来看，这种趋势不太可能改变，因为技术创新需要 UX 设计师将创新转化为成功的产品。塑造未来数字前景的新技术，无论是 XR、AI、物联网，还是区块链相关应用，都将继续推动产品创新，并需要概念化和优化用户的交互。

尽管特定行业的 UX 流程可能会随着时间的推移而不断完善，工具也可能变得更加方便和强大，但其核心基础很可能仍然保持一致：与用户和研究、构思、原型设计、测试、实施方案产生共鸣（图 3-2）。

用户体验是企业成败的关键。无论技术多么神奇，公司战略多么有远见，如果不能赢得用户，产品就可能会失败或失去竞争力。在 UX 中，所有努力都由用户来评判。要赢得用户，需要的不仅仅是可用性（usability）。合意性（desirability）是促使用户再次使用该产品的因素，因为它创造了持久的价值，并对用户产生了有意义且令人满意的影响（图 3-3）。

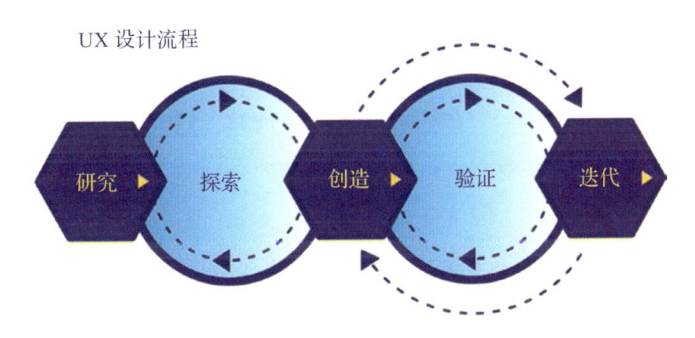

图 3-2　设计流程（图片由 C. Hillmann 提供）

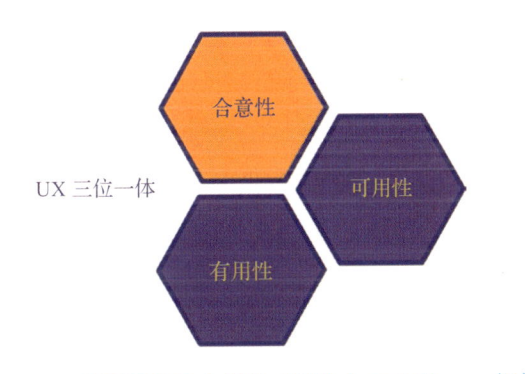

图 3-3　UX 的可用性和合意性（图片由 C. Hillmann 提供）

例如，成功的金融科技、健身或照片分享应用程序的共同点在于，它们提供的解决方案不仅被认为有价值，而且在情感层面上影响用户。XR 产品要想成功，必须遵循同样的标准。产品必须以令人满意的方式提供问题的解决方案，以建立情感联系，让用户愉快地再次使用。

许多针对头戴式显示器的以设计为驱动的 XR 应用通过情感化设计取得了成功，但在通往成功的道路上仍然面临着其他障碍。XR 应用的分发范围有限通常是一个问题，即使商业计划具有革命性，UX 设计非常出色，并且已经建立了针对用户问题的创新解决方案。分发范围是获得临界质量的必要条件，这对于启动资金和健康的成长环境必不可少，是一个预计会随着时间的推移而发展的因素。

3.2.2　宏观技术力量

VR 和 AR 产品在更大经济领域中的潜力是巨大的，大量研究已经证明了 AR 和 VR 在教育、培训和电子商务方面的优势。

考虑到该行业的小众市场份额，是什么阻碍了它的发展？很明显，XR 头戴式设备的分发有限和可用性是主要原因，其次是高成本、技术限制和缺乏认知。幸运的是，根据大多数调查，这些痛点只是暂时的问题，预计将在未来几年内得到解决。市场情报提供商 SuperData 在 2020 年第三季度的更新报告中称："预计至少要到 2023 年，XR 头戴式设备才会被消费者广泛采用。"在头戴式设备成为几乎每个家庭的一部分之前，经典的"先有鸡还是先有蛋"的难题仍然存在：为了吸引大众，需要"必备"的社交应用程序，但要让它们发挥作用，需要广泛可用的头戴式设备基础设施。一个很好的例子是 VR 会议应用程序，事实证明，它在很多方面都优于视频会议。VR 虚拟会议在传达非语言线索方面表现更好，大脑往往能通过肌肉记忆、情境和空间体验来更好地保留信息，而视频会议通话中的典型视频流网格则让人们遇到音频和视频连接问题。

VR 聚会的好处是巨大的，但由于缺乏可用的头戴式设备，这项技术仍然无法大规模推广。对于公司结构内的定期团队聚会，可以通过事先计划进行安排，而由于 XR 目前缺乏市场渗透力，在任何私人通话中切换到 VR 的机会很少。

尽管 XR 技术的价值已被证实，但目前其全部潜力仍未得到充分挖掘。从数字时代的宏观趋势来看，毫无疑问，随着 XR 功能的成熟、内容的扩展以及采用率的提高，市场渗透的临界质量将逐渐实现，最终为企业家、开发人员和 UX 设计师提供一个蓬勃发展的平台。

由于在关键阶段的快速创新和采用，一旦开发加速，通过种子投资和风险投资获得的资金通常会呈指数级增长。数字经济继续由渴望寻求增长机会的投资者推动。长期经济环境，包括基于低利率的货币政策前景，是这一趋势的加速器。

经济环境及其动态和业务目标是 UX 设计面临的潜在力量的一部分。用户体验阶段是对产品及其业务概念的最终考验；因此，风险很高，UX 设计流程对于基于新技术的创新解决方案的采用率越来越重要。

3.2.3　免费游戏如何颠覆游戏行业

游戏行业是一个很好的例子，它展示了宏观趋势如何颠覆一个行业、UX 如何进入舞台。不久前，直到 2010 年左右，游戏通常是在零售店（例如 GameStop 分店）购买的。游戏被认为是一种软件娱乐产品，它会被一直放在零售货架上，直到找到新主人。游戏成品会像任何其他零售库存商品一样进行宣传和销售。UX 在游戏和用户之间的互动中只扮演了次要角色。产品和用户之间的互动很简单：如果产品没有兑现承诺，用户很可能不会购买同一开发者的其他游戏。

2010 年后不久，数字发行、移动和社交游戏彻底改变了游戏行业的重要领域，其业务模式被迫转变为一种完全不同的收入策略。最初是 Zynga 的游戏 *FarmVille*，其游戏中的农场币作为收入来源，很快就带动了其他游戏类型的众多同行，直至 2017 年推出的 *Fortnite* 取得了巨大成功。*Fortnite* 成为十年来最具影响力的游戏，2019 年收入 18 亿美元，2020 年注册玩家超过 3.5 亿。作为一款大逃杀游戏，*Fortnite* 是免费游戏（F2P），但提供游戏内购买以增强玩家体验。F2P 模式并非全新，在过去的几十年里，它曾被用于大型多人在线游戏（MMOG），尤其是在韩国和俄罗斯的游戏社区。由于快速互联网连接的出现和在线交易的接受度不断提高，21 世纪 10 年代将这一概念推向了更广泛的全球受众。

一旦在线交易在游戏中变得重要，UX 设计也变得重要起来。UX 设计流程旨在将 F2P 玩家转化为付费客户。很快，UX 设计流程就成为游戏设计之外的一股新的强大力量。

3.2.4　文化冲突：UX 设计与游戏设计

正如本书的介绍中所指出的，游戏开发中 UX 设计的兴起与 XR 息息相关。XR 内容的原始生产环境是游戏开发。XR 应用使用游戏引擎构建，其流程遵循游戏开发标准和惯例。

UX 设计在数字经济中的成功建立在网络和移动应用开发的基础上。UX 设计来自不同的设计文化，尤其是面向 UI、UX/UI 设计的分支。两者都从不同的角度来设计数字产品。游戏设计专注于能够娱乐用户的娱乐软件产品的整体成功，而 UX 设计则采取以玩家为中心，通常以转化为导向的方法，利用心理学和行为科学来改善游戏体验。

这两种方法有很多共同之处：游戏设计师和 UX 设计师一样，关心整体用户体验、游戏机制、奖励、故事叙述以及最终的玩家留存率。如果用户拥有积极、有意义且令人满意的体验，游戏设计就是成功的。

随着免费游戏的兴起，游戏设计师的角色发生了巨大的变化。免费游戏但内置付费的新商业模式迫使游戏发行商关注首次玩家的短期留存率。玩家需要在游戏早期就被吸引和参与，通过首次游戏内置购买来建立对游戏的黏性。这是一种对商业模式至关重要的策略，因为免费游戏很快就会吸引大量用户，但只有一小部分人愿意真正花钱。因此，游戏设计师已经从专注于产品的整体娱乐价值转向首次接触时的转化。用户采取期望行为（在这种情况下是进行内置购买）的转化率成了决定游戏成功与否的关键指标。转化事件作为电子商务应用的关键绩效指标（KPI），在衡量 UX 设计的投资回报率（ROI）方面发挥着至关重要的作用。在数字经济中，UX 设计流程指标的兴起和成功，已经推动了网络和移动应用程序的成功，成为游戏设计的重要指标。UX 设计对玩家心理、行为模式、早期满足感和无障碍入门的重点关注，已成为免费游戏货币化商业模式的重要组成部分。因此，游戏设计师的角色已经转变，包括更多的 UX 职责。这种趋势已经扩展到免费游戏以外的其他游戏类型，更加重视人类工程学、界面和无障碍入门。

UX 设计师则必须拓展他们在游戏领域的技能，因为游戏化对于网络和移动应用变得更加重要，并且游戏的用户体验也获得了更多关注。结果是游戏设计和 UX 设计在一定程度上重叠。随着两种设计方法进入彼此的领域，也存在发生冲突的可能性。大多数时候，它们被认为是互补的：游戏设计专注于内容创作，UX 设计专注于调整用户交互。传统上，游戏设计师的职责是作者和世界创造者的职责，而游戏的 UX 设计师则专注于通过帮助发现和理解内容来消除障碍并改善用户体验。UX 设计可以帮助将方法应用于现有内容，而不是游戏设计师的包括内容创作在内的更广泛职责。但现在的要点是：这两个职业可以相互重叠，某些 UX 设计原则可以存在于游戏设计世界中，反之亦然。

3.2.5 转化事件

UX 设计对于免费游戏中的微交易来说已经变得非常重要。转化率是衡量 UX 设计表现的指标，通常通过 A/B 测试进行分析。在讨论数字游戏产品的优先级时，资深游戏设计师有时会对这种以表现为导向的设计方法持怀疑态度。在定义产品的长期目标时，内容质量必须至少与转化路线图具有同等的优先级。

应用程序内购买和电子商务交易只是其中一种转化事件。转化的定义远远超出了商业购买的范围，它可以是任何被定义为项目重要目标的关键绩效指标。转化事件可以是：特定的学习成果，使用应用、填写表格、注册会员或邮件列表所花费的最短时间，或者任何行动号召（图 3-4）。

目前，AR 和 VR 市场中只有一小部分由应用程序内购买或经典转化事件驱动；因此，用户体验的重点主要在于体验的整体成功，其中转化事件通常侧重于用户再次访问和游戏过程中的留存。任何可以衡量的事物都有可能成为转化事件。

通过可用性和合意性来优化转化，使用成熟的 UX 方法是提高数字 XR 产品质量和用户满意度的一种方法，并且在 XR 生态的这个阶段，通常比直接货币化更具优先性。

图 3-4　用户体验和转化（图片由 C. Hillmann 提供）

3.2.6　从以人为本的设计到以人为本的经济

经济背景以及 UX 设计在数字经济成功案例中所扮演的角色偶尔会导致误解。在极少数情况下，批评人士认为 UX 设计具有操纵性，因为它利用人类心理和行为模式来进行销售。

"暗模式"UX 设计旨在误导和欺骗用户，尽管它们违背了设计准则的道德准则，但人们对这一概念的认识和争论越来越多。尽管 UX 技术可能会被行业中的不良行为者滥用，但它们也可以为公益事业做出贡献。

UX 设计是一个优化过程，从更广泛的意义上讲，它的作用远不止数字经济中的典型应用。重要的是要认识到，盈利只是 UX 设计可以发挥作用的众多方式之一。如果设定目标的转化事件发生在非营利环境中，那么 UX 设计通过找到最有效的方式将其传达给用户，有助于最大限度地发挥作用。UX 设计目标和转化事件对于不优先考虑货币化的应用同样有用，例如用于学习和培训的 XR 体验。

尽管 UX 设计已成为具有商业目标的数字产品在财务上取得成功的强大力量，但在以人道主义和社会利益为目标、不以货币化为主要目标的领域，它仍然同样强大。UX 设计是一种创建和优化设计交互的方法，以使用户受益。积极而有意义的体验可以是商业目标的一部分，也可以是非营利活动体验的期望结果。

虽然 UX 设计通常与经济成功联系在一起，但它也可以在以人为本的设计（Human-Centered Design，HCD）背景下看到。HCD 作为与设计思维密切相关的总体框架，通常被视为产品设计的主要方式。

与对 UX 设计非常狭隘的商业解读相反，人们努力将这一理念引向相反的方向，将其进步视为向以人为本的经济转变的一部分。

以人为本的经济可以看作智库和政策研究机构提出的一种理念，主张经济改革以将人的利益置于企业价值之上。在更广泛的参与式经济模式背景下，人们可以发现这种理念，其中政策重点是减少不平等和破坏性经济增长（针对气候变化、负增长和循环经济）的负面影响。

从这个角度来看，UX 和以人为本的设计可以从完全不同的角度来解读，而不仅仅是以产品设计为导向；它将背景从以用户为中心的方法扩展到更大的以人为中心的理念。这种观点的好处是，在人道主义目标的背景下看待 UX 设计，可以让 UX 设计师的角色更有使命感，尤其是当未来的技术及其使用对社会利益至关重要时。

以人为本的设计方法的 UX 可以呈现不同的含义，这取决于背景和目标。例如，在考虑以环境为中心的设计（Environment-Centered Design，ECD）时，人类是层次结构的中心，但社会和经济可持续因素是整体思维的一部分。

设计思维的广泛领域表明，从转化驱动的电子商务 UX 技术到如何改善未来社会框架的方法论思维，都取决于目标和使命以及 UX 技术的应用环境。

沉浸式 AR 和 VR 应用涵盖了许多对整个社会成功至关重要的领域，将用户同理心放在首位，将隐私和数据安全作为优先，因此主张以人/用户价值为最终目标，将以人为本作为核心价值。

3.2.7　经济成功作为加速器

UX 设计在数字经济中取得的经济成功加速了人们对其原则、方法和技术的认可。商业成功和由此产生的财富的额外作用是，其他领域也随之受益。UX 研究、其工具和支持组织的增长，有助于进一步开发 XR 交互，采用与围绕网络和移动应用程序构建数字经济相同的方法。这些丰富的知识和经验使下一代 XR 应用更容易取得成功，即使在商业领域之外也是如此。UX 设计的商业方面、经济环境和长期技术趋势（包括商业机会）一直在塑造 UX 方法和工具，在某种程度上，它使任何重视设计的行业受益。

借鉴商业 UX，使用相同的设计原则、方法和技术用于非营利、教育、公民技术或政府技术产品，这意味着使用一套强大的工具集，该工具集已经在慈善或理想主义项目的高度竞争的市场环境中证明了其自身优势。

3.3　三十年 VR 体验的关键经验教训

20 世纪 90 年代初，VR 先驱 VPL Research 公司倒闭，留下了一系列创新和专利，这些都被 Sun Microsystems 公司接手。Sun Microsystems 公司是一家专门生产图形工作站的计算机公司，与 Silicon Graphics 公司（SGI）一样，推动了 3D 图形及其在娱乐产品中的应用。

尽管 VPL 倒闭了，但显然，模拟 3D 世界对娱乐业具有很强的吸引力。将从未见过的图像带入现实，甚至可能进入这样的世界，这一想法立即被视为电影和互动娱乐产品的潜在增长领域。

3.3.1 20 世纪 90 年代 VR：公众已经做好准备，但技术尚未成熟

由计算机图形生成的人工世界、科幻冒险和奇幻目的地是娱乐业的承诺，这一承诺由流行文化的期待所推动。然而，这项技术并没有为早期创新者和爱好者的未来主义理念做好准备。从早期阶段吸取的经验教训是，对虚拟现实的需求是真实存在的。它不是企业强加给消费者的人造概念；相反，它深深扎根于艺术、文学、神话和流行文化，包括其各种亚文化和小众文化。

但是，将这项技术提升到真正能够为消费者带来友好体验的水平，花了大约三十年的时间。早期的虚拟现实只是让我们略微领略了未来的发展，但要在价格合理的硬件上提供有价值、有意义且令人愉悦的体验，这是一个重大的进步，而用户体验在后期发挥了重要作用。这一进步的部分原因是游戏引擎的可用性，这些引擎允许对交付令人信服的产品所需的所有技术元素进行原型设计、测试和统一。别忘了，在 Unity 和 Unreal 出现之前，游戏引擎大多是在内部编码的。个体开发人员必须为物理模拟、AI、声音、GUI 等组装中间件解决方案，将所有复杂组件整合在一起。编码密集型的流程使 3D 构思和快速原型设计变得困难，并且不是一个非常友好的 UX 设计环境，因为在敏捷设计冲刺中很难根据游戏测试结果快速采用更改，也很难根据反馈调整用户流程。对于像 3D 游戏这样复杂的产品来说，娱乐软件开发的编码瓶颈非常明显，因为必须集成大量专用软件才能实现基本功能集。

3.3.2 可视化脚本的演变：从 Virtools 到 Blueprints 和 Bolt

值得庆幸的是，3D 实时应用的软件开发出现了一种新趋势：可视化脚本。Virtools 公司成立于 1993 年，主要面向工业和企业系统集成商，是首批允许在交互式 3D 实时引擎中使用可视化流程图编辑对象参数和行为的商业应用之一。Virtools 脚本语言（VSL）为非程序员提供了快速编辑交互的工具，允许创建用户交互的原型。2004 年 Unreal Engine 3 推出时，它为 Kismet 铺平了道路。Kismet 是一种可视化脚本语言，旨在让关卡编辑器使用基于可视化节点的系统来制作游戏原型。Kismet 为 Unreal Engine 4 强大的可视化脚本系统 Blueprints 铺平了

道路，Blueprints 是一个完全基于节点的游戏脚本系统，具有深度引擎集成。

可视化编码让设计师能够使用以前只有程序员才能使用的各种工具。它使设计师能够快速创建和测试交互，这是原型阶段 UX 设计流程中的重要一步（图 3-5）。

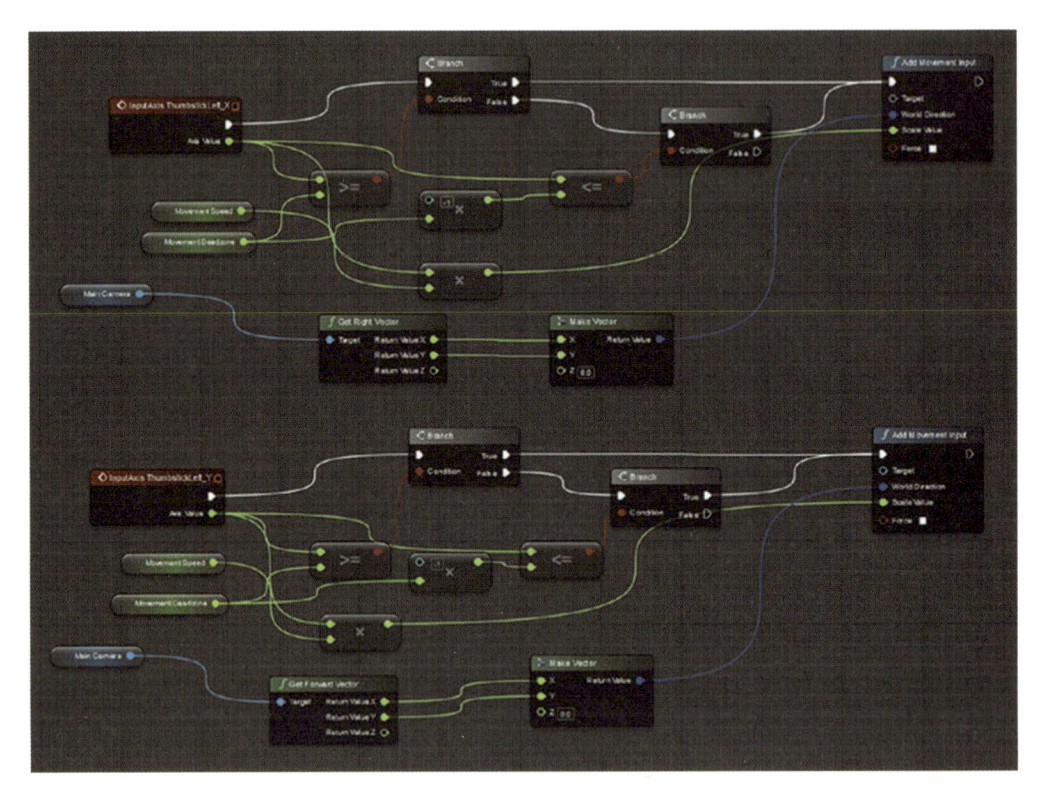

图 3-5　可视化脚本工具：Unreal Engine 4 Blueprints

长期以来，Unity 引擎的用户一直使用插件 Playmaker 作为可视化编程解决方案，来测试和原型化用户交互和游戏逻辑。Playmaker 是一种状态机，在更复杂的游戏玩法方面存在局限性。Unity 插件 Bolt 的引入提供了一个与 Unreal 的 Blueprints 相同级别的选择。2020 年 5 月 4 日，Unity 公司从开发商 Ludiq 那里收购了该解决方案。可视化脚本解决方案 Bolt 正成为 Unity 引擎的核心技术，这对于寻找 AR 和 VR 用户界面、交互和游戏机制原型的 UX 设计师来说非常重要，因为他们不需要接触任何代码。Unreal 和 Unity 引擎都已发展成为设计师友好的环境，允许将测试、构思和原型设计作为 UX 设计流程的一部分，而不必依赖程序员，以往这通常是产品开发的瓶颈。通过可视化脚本解决方案，为设计师编码已经成为现实。这些工具与框架和特定行业的工具集一起，为构建、原型制作和测试用户交互提供了基本且可访问的元素。基于构思、概念和测试来优化用户交互，以调整用户体验是 UX 设计流程中重要的一部分，可视化脚本为喜欢动手实践的 UX 设计师提供了重要的机会，允许访问以前只能在编码级别访问的设计参数，包括用于监控和衡量用户行为的工具。Unreal 中的 Blueprints 和 Unity 中的 Bolt 的演变是提升 UX 设计师能力的重要一步，他们不仅可以访问游戏和 UI 逻辑，还可以深入参与整个项目生命周期。

3.3.3 具有持久力的 VR 解决方案

在过去的二十年中，VR 硬件和软件已经成熟，使创业者可以进行商业产品开发。在过去的几十年中，3D 产品可视化主要应用于简单的游戏和工业应用，而 VR 的全部潜力仍被认为是未知领域。自 2013 年以来，新一代 VR 技术的推出以及实验性、商业性和教育性项目的爆炸式增长，使用商业游戏引擎的强大工具集的七年多的经验，使我们能够分析 VR 在哪些方面为具有持久力和未来潜力的解决方案做出了贡献。从 UX 设计的角度来看，这意味着使用 VR 解决用户问题并评估 VR 领域中的最小可行产品（MVP）示例。每当 VR 能够为消费者和专业人士（而不仅仅是技术爱好者）的实际问题创造超越新奇性的价值时，它就很可能具有长期的增长潜力。让我们来看看 VR 已经被证明成功的领域，以及 UX 设计在将其提升到下一个层次方面可以发挥的作用程度。

消费者：

- 沉浸式游戏；
- 沉浸式媒体；
- 社交虚拟现实。

企业：

- 产品可视化与开发；
- VR 协同工作、生产力、团队会议。

零售业：

- 产品试用、演示和说明；
- VR 品牌体验。

医疗：

- 患者沟通；

- 康复、抗焦虑应用。

教育：

- 教育经验；
- 模拟和训练。

沉浸式游戏：沉浸式游戏一直是 Oculus 成功背后的驱动力。联合创始人 Palmer Luckey 是一位改装爱好者，他的 VR 愿景与社区对 VR 未来的期望一致：沉浸式游戏的下一个层次是用多个显示器取代大型游戏装备。沉浸式游戏是一个显而易见且经过验证的用例。优点：成为游戏世界的一部分，体验游戏的规模，并通过身体和手部动作进行互动，使互动更加有趣和直观。

沉浸式媒体：沉浸式媒体已经不再是新鲜事物，而是成为 VR 的主流。商业 VR 视频的格式偏好从非立体 360 度转变为立体 VR180 视频。原因：VR180 在正面视野中覆盖了更高的像素密度。VR180 视频的立体图像特别适合音乐会、戏剧或脱口秀等表演。通常，使用多边形几何将表演场地的概念分成面向正面的 VR 视频空间和面向背面的礼堂。这个解决方案，部分是线性 VR 视频，部分是交互式几何，两全其美。

VR 动画已经开辟出自己的一片天地，这得益于沉浸式动画所提供的独特叙事优势。Oculus 应用 Quill 提供了一系列独特的叙事工具，让用户通过 VR 眼镜体验栩栩如生的立体模型的魔力。在手绘环境中跟随角色及其故事是一种唤起情感的强大而独特的方式。沉浸式的亲密感和创作自由被众多拥护者视为艺术和设计的未来。对于 UX 设计师来说，这是一个创意沙盒，也是一个进行空间实验的机会。

社交虚拟现实：自从 Oculus 成为 Facebook 的一部分，并宣布其使命是连接世界各地的人们以来，社交 VR 一直是 Oculus 路线图的重要组成部分。最初的社交空间 Oculus Rooms 已被多用户沙盒创作空间 Oculus Horizon 取代。类似的社交会议空间，例如 Rec Room 和 Altspace，也通过 VR 活动和社交活动不断扩大其用户群。虽然 Rec Room 在青少年群体中很受欢迎，但 AltspaceVR 一直是成人社交 VR 的首选。AltspaceVR 成立于 2013 年，是 VR 领域的长期幸存者之一，开创了社交 VR 领域，并于 2017 年被微软收购，当时正值危机时期，由于缺乏资金，AltspaceVR 的未来充满不确定性。该公司一直在开展定期的社区活动和 VR 聚会，专注于为用户带来真正的价值。另一款流行的社交应用 BigscreenVR 在社交观看方面取得了成功，社交观看是一种与朋友共享屏幕的概念。由于全球范围内的疫情（以及随后的封锁阻碍了现实世界的互动），面向消费者的社交 VR 受到了更多关注，预计它将成为 VR 长期成功的关键驱动力。

企业虚拟现实：企业 VR 已成为产品可视化流程的自然延伸，其中 CAD/CAM 数据被输入到 Unreal 等实时图形引擎，并使用 Datasmith 数据管道。在当前的 VR 浪潮之前，企业 VR 已经在产品设计和制造中占有一席之地。它率先将 VR 用于模拟和产品设计，并将加速其在该领域的发展。新一代 VR 技术使企业 VR 对小型企业（包括设计工作室）具有吸引力，其中预可视化是价值链的一部分。VR 已取得成功的另一个领域是培训。典型的例子是在预可视化的机器上或现场对员工进行培训。这种方法可以节省大量时间和成本，因为可以将在新设备上或在新现场处培训员工的停工时间减小到最低限度。在其他领域，自疫情迫使企业重新考虑其沟通策略以来，企业培训、虚拟会议和 VR 演示已经开始兴起。

零售业中的虚拟现实：当产品基于一种独特的体验，能够激发所有感官时，VR 已成为零售领域一种行之有效的工具。豪华汽车制造商或房地产开发商已经将 VR 介绍作为其媒体展示的延伸。高端品牌经常以有趣的方式使用 VR 向潜在客户介绍新概念，不仅在贸易展会上，而且在专门的店内体验区也是如此。例如，从 VR 品酒到店内 VR 产品探索，VR 有助于与品牌互动。

医疗保健领域的虚拟现实：VR 在医疗保健领域取得了成功，例如，它首先用于模拟外科手术的医疗培训。ImmersiveTouch 和 Osso VR 等公司已成功开发出 VR 解决方案，使医疗保健培训更加高效。其他 VR 医疗保健用例包括针对在医疗过程中感到焦虑的患者使用 VR 头戴式设备分散注意力和放松身心，以及使用 VR 应用程序帮助患者康复以支持物理治疗。

VR 在教育领域的应用：VR 教育在学校中很受欢迎，例如利用 VR 进行实地考察、探索和体验历史遗迹。谷歌于 2015 年通过 Google Expeditions 项目提出了这一概念。从那时起，ThingLink 等公司进一步发展了沉浸式教室的概念，提供了一个技术平台来吸引学生并优化学习过程，尤其是在远程学习方面。

3.3.4 新兴 VR 展会

在上一章中，我们已经确定，诸如《半条命：Alyx》等开创性游戏为 VR 可用性设定了标准，这要归功于 Valve 公司为使游戏尽可能易于访问而进行的广泛研究，这些研究提供了 VR 交互的自定义选项。除了核心的 VR 可用性组件集之外，随着时间的推移，VR 体验的 UX 惯例还在不断增加。随着技术的进步，其中一些惯例可能会发生变化。许多交互（例如手势追踪）的最终目标是尽可能自然就像现实世界的互动 样。我们的愿景是模拟将尽可能接近真实事物。就用户体验可供性而言，这意味着虚拟开关的行为与真实开关相同：手指轻触即可激活它，就像在现实世界中一样。可供性弥合了数字世界与现实世界之间的差距。但是，除了可供性之外，我们还有 VR 惯例，可帮助用户避免不愉快的体验或增强交互，使其更令人满意、更有意义。交互至少应该舒适且轻松，并且使用熟悉的交互方式，例如抓取、拉动或推动。除了模拟现实的目标之外，我们还希望在模拟现实可能太慢、太麻烦或反应迟钝的地方提供捷径或超能力。从这个意义上讲，现实模拟并不是唯一的目标；相反，它是除了可探索性和增强的交互式沉浸感之外的目标之一，旨在提高用户的能力。为了实现这些目标，我们使用了已被证明在该过程中有效的惯例（图 3-6）。

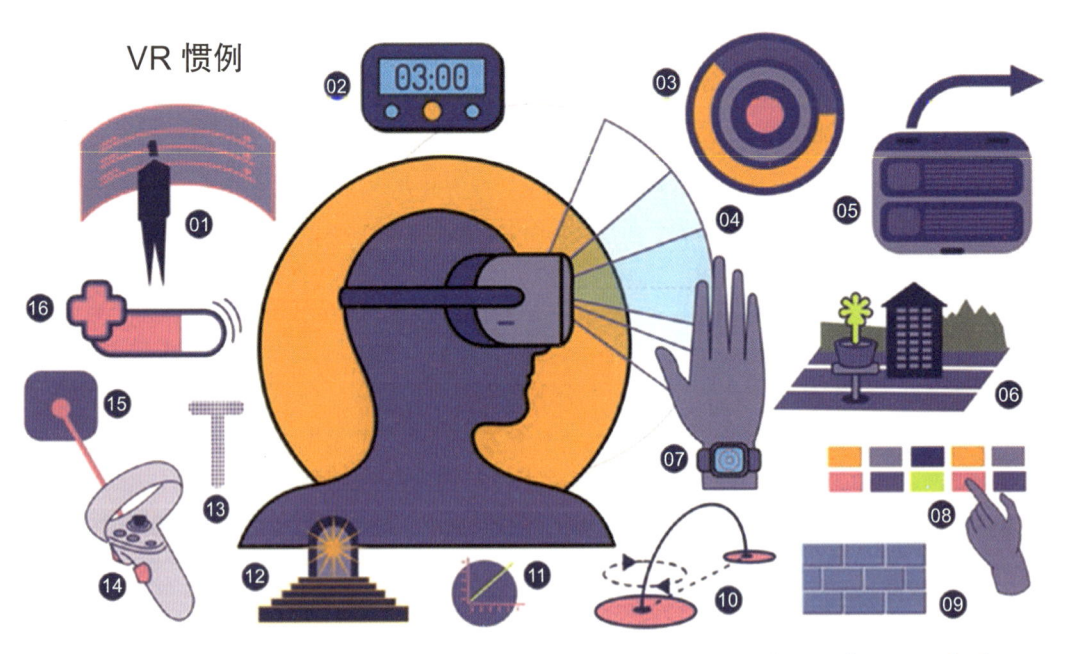

图 3-6　VR 惯例（图片由 C. Hillmann 提供）。顺时针方向：（01）曲面屏幕；（02）叙事 UI；（03）长按按钮；（04）舒适区域；（05）丢弃菜单；（06）立体效果一致性；（07）VR 智能手表；（08）手部交互；（09）法线贴图；（10）移动、旋转、选项；（11）恒定速度；（12）VR 新手引导；（13）文本可读性；（14）VR 按钮惯例；（15）选择射线功能；（16）HUD 运动滞后

随着消费者对 VR 的适应，VR 的惯例是多变的，优先级也会随着时间的推移而改变。一个很好的例子就是晕动病，这曾经是 VR 新手引导的首要问题，现在随着越来越多的人意识到这一点，大多数活跃用户都开发了"VR 腿"，晕动病的重要性已经降低了。

以下描述了一些新兴的 VR 惯例。

曲面屏幕（01）：对于 VR 中的超大菜单屏幕（通常用于发布会或大厅环境），已经建立了曲面屏幕，以确保舒适的观看距离来连续显示信息。经验法则是屏幕越大，其弯曲的理由越充分。如果观看大型平面菜单的较远部分会导致文本扭曲、难以阅读，则曲面屏幕将解决该问题。另一种方法是使用多个平面屏幕或以圆形顺序排列的平面屏幕块，以最大限度地提高一致且用户友好的交互体验。

叙事 UI（02）：叙事元素被视为 3D 游戏世界的一部分。它们与体验的故事叙述和视觉风格相契合，而不是覆盖屏幕的平视显示器 UI 元素。叙事 UI 存在于 VR 世界中，在创建 UI 元素时应首先考虑，只要它们在应用目标的背景下有意义。叙事 UI 元素的示例包括 VR 智能手表、桌上用作计时器的实际手表、枪上显示弹药量的 LED 区域以及用于库存选择的平板电脑。叙事 UI 使用作为游戏世界和故事叙述一部分的 3D 对象来传达与现实中的类比密切相关的信息。因此，它使信息更加直观和完整，在大多数情况下应该比非叙事、仅限空间或元 UI 选项更受欢迎。

长按按钮（03）：带有圆形进度条的按钮允许用户取消正在进行的操作。当激活新关卡、启动新体验或初始化游戏环境的重大变化（可能需要付出额外努力才能逆转）时，此功能非常有用。

Fuse 按钮最初在早期的低端 VR 头戴式设备（如 Google Cardboard）中与凝视配合使用，它可以通过凝视瞄准来激活物品，或者在较新的头戴式设备中通过使用控制器选择射线触发激活来激活物品（请参阅本节末尾的传统交互——凝视激活）。一个按钮将在一定时间后触发，通过在激活时加载一个径向进度条，从而给用户提供一个在提交之前取消的选项。由于 VR 的沉浸式特性，环境的剧烈变化对用户的直观影响比任何其他媒介都要大得多。因此，长按按钮是防止用户做出错误决定并允许用户从错误中恢复的一项重要 VR 惯例，正如 Jakob Nielsen 为 UI 设计提出的十个可用性启发式方法中所定义的那样。典型的例子是 Oculus 游戏 Sports Scramble 和 Dead and Buried II 中的大型激活按钮。

舒适区域（04）：当交互式内容位于水平方向左右各 70 度、垂直方向上下各 40 度的区域中时，VR 用户感到最舒适。为了获得更长时间的体验，必须考虑颈部压力、姿势和舒适的控制器操作空间。应避免在较长时间内使用视野过高或过低的界面以及水平视觉最佳点之外的次要操作，除非它们是故事叙述所必需的，或者是游戏机制或故事进展的重要组成部分。

丢弃菜单（05）：允许用户将对象或菜单放入开放的 3D 空间中的 VR 应用需要一种简单

的方法来撤销操作并删除它。丢弃手势（抓起对象然后扔掉）已被许多 VR 游戏确立为一种直观的方法。高速手臂摆动和对象释放感觉很自然，并增加了一种直观、令人满意且用户容易记住的有趣元素。Tilt Brush 和 Gravity Sketch 等创意 VR 应用程序就是很好的例子，用户可以通过将对象扔出屏幕，摆脱 3D 环境中的停留菜单。

立体效果一致性（06）：立体感知在 20 米左右逐渐减弱。为了提供最令人满意的 3D 观看体验，应尽可能保持前景、中景和后景中的元素一致。后景：距离超过 20 米。中景：距离 5~15 米。前景：距离不到 5 米的物品。通过考虑三个区域的距离来设计体验的感知深度和空间布局，有助于保持用户的兴趣和参与度。

VR 智能手表（07）：通过激活虚拟智能手表（通常在 VR 中位于用户的左臂上）来访问用户菜单已成为 VR 菜单常用的直观惯例。智能手表通常只是一个接入点，通过视觉提醒提供可发现性。选择射线激活后通常会出现径向弹出菜单，这一概念可以轻松延续到 AR。作为一种即使环境发生变化也始终位于同一位置的便捷项目，VR 智能手表偶尔会扩展到整只手臂甚至两只手臂，以显示不同的菜单部分。

手部交互（08）：作为基于控制器的 VR 交互的替代方案，手部追踪正在成为 VR 体验的一种直观解决方案，其中手部姿势和手势作为输入感觉更自然。Oculus 手部追踪 SDK 为开发人员提供了一套可靠的入门工具包。例如，当针对不熟悉游戏控制器的普通用户或使用多个手指输入（例如虚拟键盘和乐器）时，手部追踪可以成为一种替代方案。MRTK 框架是 HoloLens 2 使用的最直观和最复杂的手部交互框架之一，现已移植到 Oculus VR 中。这将有助于 UX/UI 设计师在 VR 和 AR 应用中保持 XR 的连续性。

手部追踪是一项正在进行的工作。手部追踪的挑战在于控制器无法提供精确度和触觉反馈。以下是手部交互的经验法则：

1）为需要手动交互的 3D 对象创建可供性。
2）使用视听符号和反馈来协助交互（阴影和光晕表示接近，声音表示激活，动画触发器）。

按钮的大小、位置和舒适的接近是使用手动追踪的按钮和交互式对象可用性的重要方面。启动和完成状态应始终清晰可见。

法线贴图（09）：对于 3D 计算机图形，尤其是传统游戏纹理映射，法线贴图是一种不需要额外几何体即可添加表面细节的必备技术。法线贴图可呈现 3D 细节的视觉效果。在 VR 中，法线贴图有局限性，因为法线贴图的 3D 错觉不适用于立体感知。不过，在与光源交互时，它仍然可以用于精细细节。为了确保法线贴图在 VR 中发挥作用，设计师必须保证以下几点：

a）只在表达小的表面细节时使用法线贴图，而中等和较大的表面细节最好通过实际的多边形几何来实现，那样看起来更自然。

b）法线贴图的视角和观看距离的设计方式不要暴露法线贴图的"假"3D 特性。近距离观察的物体以及暴露在极端视角下的表面区域不应依赖于法线贴图。

在早期的 VR 中，使用法线贴图曾是一种禁忌，但随着时间的推移，人们对法线贴图的态度发生了变化。越来越多的 VR 游戏表明，如果使用得当，法线贴图在 VR 中效果很好。法线贴图现在是当代 VR 环境中 3D 图形的标准组成部分，但必须小心处理才能令人信服。

移动、旋转、选项（10）：如上一章所述，VR 可用性标准是由诸如《半条命：Alyx》等里程碑式游戏设定的。3A 级 VR 游戏的成功部分归功于大型开发商（如 Valve 公司）对 UX 基础的广泛研究，以确保游戏尽可能易于上手。《半条命：Alyx》等游戏已建立的黄金标准如下：为用户提供涵盖传送的移动选项以实现平滑移动，允许用户调整即时旋转类型和角度，并在必要时提供缓解晕动病的选项，以及可访问性、左/右、单手和坐/站选项。

除了标准选项之外，还有一种管理晕动病的方法，近年来使用得越来越少，但在用户游戏设置选项中偶尔可用，即所谓的"舒适场景"：一种在任何类型的运动中暂时缩小视野的技术。

恒定速度（11）：为了避免"轨道"体验（用户沿着预定义的路径从一个热点移动到另一个热点）的晕动病，可采用恒定速度。速度、加速度和减速度的变化在现实世界中很正常，但在 VR 中体验时可能会产生不良副作用，除非目标受众对此有所要求，例如在过山车模拟中。

VR 新于引导（12）：VR 体验的第一分钟期间发生的事情非常重要。传统 UX 设计中的首次用户体验（FTUE）通常以秒为单位计算。在 VR 中，我们必须给予更多的灵活性，因为加载时间更长，更大的观看空间需要更多的时间进行调整。尽管如此，原则是一样的。优秀的 FTUE 可以帮助用户减少认知负荷，最大限度地减少了解产品基础知识的难度，通过使用清晰的设计结构帮助定位和交互。使用熟悉的设计语言和常见模式通常有助于此过程。通过传达基本功能和按钮映射，使用可跳过的教程以及预期内容的可视化预告片来消除障碍，可确保用户感到足够舒适，愿意再次使用，从而保持较高的留存率。

文本可读性（13）：自诞生之日起，文本可读性问题就一直困扰着 VR 体验。反锯齿问题和闪烁是压缩错误、技术限制和低分辨率头戴式显示器导致的典型问题。一旦高分辨率 VR 显示器普及，部分问题将得到解决。特别是小字体在 VR 中通常难以阅读，并且由于视角不同而经常被扭曲。常见的解决方案如下：避免使用小字号文本，确保使用的字体不太浅，并将菜单和文本区域排列成面向用户，并使用对比鲜明的背景和最小观看距离。

VR 按钮惯例（14）：由于应用功能不同，VR 控制器按钮分配也不同。尽管如此，大多数应用都使用两个按钮：抓握按钮用于抓取，触发按钮用于激活。在设计某一类型的应用时，研究行业和应用类型的惯例是有意义的。例如，Gravity Sketch、Tilt Brush 和 Quill 使用抓握按钮，通过两个控制器缩放项目。因此，对于创意 VR 应用中的任何缩放操作，遵循这些惯例是有意义的，可以减轻用户的认知负担。

选择射线功能（15）：运动控制器选择射线是一种标准，涵盖从简单的 3DOF 到高端的 6DOF 头戴式设备。它是与环境交互的标准方式，用于移动并与场景对象交互，包括菜单和 UI 功能。VR 用户在与虚拟对象交互时通常希望获得视觉或触觉反馈。这些通常是对象突出显示、对象轮廓突出显示和控制器振动。要拉入选定的对象，通常使用模拟摇杆沿选择射线移动对象，作为《半条命：Alyx》中引力拉动手势的替代。

HUD 运动滞后（16）：VR 体验设计需要 HUD 或仪表盘持续显示，因此必须面对一个艰难的决定：将其放置在何处才能不让用户感到不适（上三分之一处用于向下操作，下三分之一处用于向上操作）。VR 中的连续 HUD 会让人感觉突兀且不自然。一种让 HUD 感觉更自然的设计解决方案是为其添加轻微的运动滞后。使用时，运动滞后会通过可穿戴设备的重量模拟实际物理行为，因此更容易被用户接受。

VR 菜单：桌面应用程序的传统下拉菜单在 VR 中效果不佳；相反，径向菜单已成为上下文菜单的新标准之一。径向菜单直观、用户友好、美观且可以进行很大程度的扩展。

另一个新兴标准是 3D 菜单，它允许用户翻转锁定在控制器上的几何物体的一侧，以便访问不同的菜单面板。Google 用于 VR 绘图的 Tilt Brush 应用就是一个直观的例子，它使许多菜单面板在 VR 中易于访问，从而提高了工作效率。HoloLens 2 的混合现实工具包（MRTK）已经在 Oculus 平台上可用，可以被认为是直观 UI 交互的领先设计标准，使用 3D 菜单，以及通过使用手动追踪的各种 UI 和输入交互类型。

传统交互——凝视激活：凝视激活曾经在第一代移动 VR（如 Google Cardboard 和 Samsung Gear VR）中非常流行，这里也应该提到。凝视激活之所以被广泛使用，是因为它的简单性：交互不需要控制器操作，因为中心视图标线（通常为十字准线的形式）会在射线投射击中交互物品时激活。计时器（通常以十字准线周围的圆形加载条形式呈现）用于确认操作，让用户有足够的时间在超时前将目光移开来取消。这种输入方法几乎完全消失了，因为大多数激活和交互现在都由 VR 控制器处理。尽管如此，凝视激活偶尔会因其简单性用在对象或菜单交互中，并且它在 VR 健身应用中卷土重来，尤其是当控制器与健身器材绑定并且无法进行界面交互时。

3.3.5　VR 前景的转变

VR 惯例会随着时间而改变。早在 2016 年，人们关注的焦点是晕动病的预防和临场感，即身临其境的 VR 体验。传送被认为是 VR 中唯一合适的移动方式，使用法线贴图来描绘 VR 体验的表面细节被认为是错误的。快进到 2021 年，这些惯例已经完全改变。晕动病问题以一种更微妙和积极主动的方式被处理。几乎没有人再谈论临场感，因为这个流行词的新鲜感已经消退；相反，VR 临场感被视为理所当然。平滑移动作为传送的替代方案添加到用户的选项中，这是有意义的，精细的法线贴图基本上是任何试图实现更高程度表面真实感的 VR 体验的一部分。

快速变化的惯例的问题在于，面向有抱负的 XR 设计师的指南和课程材料很快就会过时。惯例的变化往往是由热门游戏或先锋应用引领的，这些游戏或应用很快被其他开发人员采用，而发布的材料可能会滞后几年。因此，XR 领域的 UX 设计师必须不断研究所有当前的设计趋势，并观察不断变化的用户偏好。一个很好的例子是由于来自用户的压力而转向平滑移动。虽然大多数指南都在教导只使用传送，但现实情况是，大多数应用已经转向为用户提供平滑移动选项，以使所有类型的用户满意。只有没有意识到使用过时参考资料的开发人员和 XR 设计师才会坚持只提供传送。多年来，VR 交互的设计空间已经成熟，现在正超越 VR 平台，着眼于 XR 标准的更大图景。一个例子是前面提到的用于 HoloLens 2 的 MRTK，它已成为领先的手势交互 AR 框架。MRTK 现在可用于 AR 和 VR 手势交互，从而展示了 XR 标准如何跨平台运行。

在 VR 背后三十年的实验和开发中，我们经历了三个重要阶段：第一阶段，发现和探索其潜力；第二阶段，科学应用和可用性改进；目前（也是第三）阶段，推动更广泛的商业市场，基于其 30 多年的历史，该技术正在企业和消费者解决方案中确立自己的地位。

3.4　XR 设计：用户代理和故事叙述

MRTK 示例说明了框架对于 XR 领域 UX 设计师的重要性。通过选择平台、引擎、框架和可视化脚本语言，XR 设计师可以决定使用什么工具集来打造体验的用户代理。XR 中的用户代理意味着在沉浸式数字旅程中赋予用户权力。通过使用故事叙述来打造交互水平，同时平衡好奇心和可供性，是 UX 设计师在 XR 中概念化沉浸式世界的关键使命。

虽然这个目标在理论上很明确，但我们还需要研究典型用例中的实际情况。如果可以选择，XR 设计师在决定使用平台、工具集或框架之前需要掌握哪些信息？在最初的构思和发现阶段，一切都应该是开放和不受限制的，重点是为用户提供可能的最佳解决方案，而不考虑技术限制或约束。不受限制的用户代理使我们能够专注于用户的需求，站在他们的立场上进行研究，并在更大的目标背景下评估用户需求和行为，而在下一个阶段，当进入设计阶段时，最终将进行原型设计和测试，我们需要致力于工具集、平台和框架，包括其可能性和局限性。由于技术种类繁多，这一步对用户代理和故事叙述的呈现方式以及用户对它们的感知方式有着严重的影响。

这种情况与传统的 UX 设计截然不同，由于网络和移动应用程序中 UI 交互的限制、既定的惯例、成熟的工具以及原型和测试平台的复杂生态系统，传统的 UX 设计具有更加精简的流程。

相比之下，XR 设计在某种程度上仍处于"狂野西部"阶段。由于技术、工具和平台的范围更广，这一事实在一段时间内不会改变。有一件事是肯定的：XR 设计师要承担的职责比移动和网络应用的 UX 设计师还要多。除了对 UX 流程和 XR 基础知识有基本的了解之外，还需要了解 3D 和动画工具，充分了解基于 Unity 和 Unreal 引擎的解决方案的现状，充分了解各种框架、可视化脚本解决方案和工具的可能性和局限性，还需要关注不断变化的 XR 前景。在这个充满变化和复杂性的世界中，框架是一种组织和集中注意力的方式。

3.4.1 框架对于用户体验设计的重要性

致力于 VR 或 AR 框架意味着接受其局限性，但同时也要利用提供的预设和模板，使原型设计更快、更轻松。但是，即使它加快了这一流程，框架仍然需要在独特的设计目标背景下实现其功能的技术知识。

在最佳情况下，框架提供了实现基本功能（如移动和基本对象交互）所需的所有核心组件，并可自由扩展组件和功能，以及自定义交互和 UI 元素的外观和感觉。在最佳情况下，框架可以通过快速原型设计启动开发，并无缝过渡到最终产品。

在某种程度上，网页开发领域中的 XR 框架类似于开源内容管理系统 WordPress。WordPress 提供了一个框架结构以及一个模板和一个插件系统，可以使用"所见即所得"

（WYSIWYG）工具进行定制和微调，无须编码。

WordPress 于 2003 年首次发布，取得了无与伦比的成功，目前有超过三分之一的互联网网站都在使用它。作为一款用户友好且功能强大的工具，WordPress 展示了框架如何统治世界（如果它们足够开放且灵活）。

WordPress 的故事在许多方面可以成为 XR 框架的榜样，其中技术复杂性和依赖性被精简为针对特定用例的框架解决方案。WordPress 类比还让我们看到了定制和原创设计驱动开发的重要性，其中没有一个框架可以匹配设计愿景。在这些情况下，自定义设计被交给开发人员进行编码。虽然在网络和移动应用程序领域，这种交接具有非常明确的定义，通常在典型的瀑布式流程中执行，但在 XR 中，这条界线要模糊得多。原因是成熟的设计和原型设计工具（如 Sketch、Figma 和 Adobe XD）已经开发了一个开发人员友好的界面，使交接变得非常清晰。当 UX/UI 设计师交出基于 Figma 的原型进行编码时，编码方面几乎没有任何猜测。

对于不基于任何框架的原创设计驱动的 XR 开发，目前尚不存在此界面。这反过来意味着，计划基于自定义设计创建数字 XR 产品的 UX 设计师需要借助在 Sketch、XD 和 Figma 成为焦点之前 UX 设计师使用的工具集。这些工具包括：绘图板、Photoshop 和 After Effects 的模型，以及任何允许设计师向开发人员传达设计理念的应用。老式的草图和故事板绘制方法是这种方法的核心过程。虽然这种方法可能不如使用框架创建原型那么快，但它在许多情况下可能是首选策略，尤其是在风险很高、预算不受限制且项目需要致力于不受框架约束的设计愿景时。

3.4.2　XR 项目类型及 XR 设计师

是否使用 XR 框架通常取决于预算和时间限制。但这还取决于其他标准，例如：这是什么类型的项目？执行该概念的设计师是什么类型的？

现实情况是，绝大多数 XR 项目都是针对中小型企业、企业内部项目或涉及组织和机构的特殊计划的事件驱动的体验。这些项目通常用于营销活动、贸易展厅、展览中的体验区、演示和展示以及定制的培训情况。通常，这些项目是为有限数量的头戴式设备设计的，最终的应用程序直接侧载到单个头戴式设备上。对于 VR 项目，可以使用 Oculus for Business 解决方案优化此过程，该解决方案允许组织使用基于云的管理工具管理大量头戴式设备。大多数这些项目永远不会在公共 VR 分发网络上列出，例如 Oculus 商店、Steam，甚至是可访问的 SideQuest 平台，因为它们不是公共应用程序。因此，除非应用程序通过可下载的应用程序提供给远程用户进行侧载，否则用户测试必须在精心挑选的可代表用户群中进行。由于这类应用程序的发行量有限,这类项目通常有预算和时间限制。为特殊活动、展览或博物馆项目设计的 AR 应用程序通常也存在同样的限制。但是,除了 VR 应用程序之外,用于特殊活动的典型手持式 AR 项目不需要提供硬件,因为用户已经了拥有智能手机或平板电脑;相反,这些应用程序在 Apple 和 Google 商店中分发下载。

虽然大多数 VR 项目并未受到公众的关注,但当然也有一些 VR 应用程序是公开上市的,因为它们要么被邀请进入 Oculus 商店,要么分发在 Steam 或 Oculus App Lab 或 SideQuest 中。这样做的好处是,用户测试可以覆盖更广的范围,并且可以围绕特定的解决方案建立一个社区。

不同的方法,无论是使用框架并亲自动手进行原型设计,还是完全不干预、以设计为中心的方法,在某种程度上定义了人们努力成为的 XR 设计师的类型。与软件工程领域的全栈开发人员的定义类似,可以将涵盖原型设计和最终执行的 XR 设计师定义为全栈 XR 设计师。

全栈 XR 设计师(有时被称为独角兽)能够使用可用的游戏引擎、框架和可视化脚本工具或编程语言来概念化、设计、制作原型并交付最终的 XR 应用程序(图 3-7)。

图 3-7 全栈 XR 设计师(图片由 C. Hillmann 提供)

由于 XR 设计师在 UX 设计方面承担的职责范围很广,这意味着需要做很多繁重的工作。不过,这是一个重要的职位,因为对外观、感觉、微调、视觉细节和交互选项的完全控制权直接掌握在设计师手中。精通特定框架的 XR 设计师可以快速制作解决方案原型,并且足够灵活地调整视觉细节,不会出现任何瓶颈或猜测。它允许 XR 设计师承担小型或大型项目,而不必依赖传输和外部或内部团队成员,也不必担心交接问题。这种类型的 XR 设计师的另一个名称是 XR Ninja,他们无所不知,了解问题,知道如何解决问题,并使用所有可用的工具在快速的周转时间内提供专业的结果。

与 XR 领域的传统 UX 设计师相比，全栈 XR 设计师/XR Ninja 是否是更优秀的专业人士？并非如此。数字 XR 产品的传统 UX 方法（在设计和编码之间划出一条清晰的界线）通常受到客户青睐，尤其是在大型企业项目中。根据这一定义，设计师会进行概念化，即进行研究、构思和发现；然后使用传统的草图和故事叙述工具进行设计。根据这一工作定义，设计概念被交给开发团队来构建原型。

这种模式最适合大型团队和高预算，通常被视为理想模式，因为每个团队成员都是各自领域的专家，并承担着专门的核心责任。

值得注意的是，在过去二十年中，设计师需要完成所有工作（包括编码）的压力有所减小。相反，由于 UX 设计在数字经济中取得了巨大成功，利益相关者往往更看重专家而不是万事通。XR 领域的 UX 设计师可以只成为设计方面的专家，但这一角色的先决条件当然是对该技术及其可能性、局限性和依赖关系有深刻了解。

3.5 XR 基础知识：HCI、可用性和 UX

随着沉浸式 XR 技术的出现，人机交互（HCI）研究领域进入了一个激动人心的时代。HCI 研究人类感官、行为和认知模式如何与信息技术互动，这在许多方面都是 UX 设计和研究的先驱。虽然 XR 设计师通常处理在 XR 硬件上运行的数字 XR 产品，XR 硬件之前是通过硬件平台开发人员的设计流程设计的，但研究 XR 设备的设计是如何构思和概念化的仍然是有益的。很多时候，研究设备背后的设计思维来发现其设计意图是一个好主意。

3.5.1 VR 控制器和可用性决策

Blake J. Harris 在其著作《未来的历史：Oculus、Facebook 和席卷虚拟现实的革命》（*The History of the Future: Oculus, Facebook, and the Revolution That Swept Virtual Reality*）中，记述了 Oculus 运动控制器首次开发时的内部讨论。控制器团队的任务是开发终极通用控制器，让开发人员能够最大限度地自由地创造任何可能的 VR 体验。在这个关键阶段，必须做出有关设备 UX 设计的基本决策。未来发展道路的决策是激烈的内部讨论的结果。根据书中的记录，控制器团队的 Palmer Luckey 和 Brendan Iribe 就基本设计理念以及像苹果这样以设计驱动创新而闻名的公司将如何处理控制器解决方案进行了辩论。Oculus 的最终结果是对传统游戏控制器功能妥协，这为其直观的设计、功能灵活性和卓越的舒适度树立了标准。

但这不是唯一可行的方案。一种纯粹的选择可能是一根极简主义的魔杖，就像 Steve Jobs

和 Jony Ive 所设想的那样。在内部讨论中，这个想法被否决了，因为它太符合苹果公司"形式高于功能"的理念。Oculus 管理层关于基本 UX 路线图的决策很可能是正确的，因为它的大多数用户都是游戏玩家。一条完全不同的道路是将一根简化的、极简主义的魔杖作为一个单一的 Oculus 运动控制器，这会降低新用户和非游戏玩家的进入门槛，但会严重限制开发人员的选择。Oculus 将设备 UX 推向了正确的方向。事实证明，几年后推出的无控制器手部追踪似乎是那些不习惯使用运动控制器的普通用户的前进方向。

3.5.2　UX 背景中的"形式服从功能"陈词滥调

在 VR 硬件的背景下，"形式服从功能"与"形式高于功能"的争论表明了这种陈词滥调仍然无处不在，尽管它已经过时并被误解，但这句话仍是设计史上最被误解的陈述之一。另一个令人好奇的事实是，"形式服从功能"阵营在 UX 思维取得无可争议的成功并且在数字经济中崛起之前，一直是 UX 思维的对手。

首先，这句话是外行人对设计的陈词滥调，非设计师误以为这句话出自经典现代主义设计师 Bauhaus 之口，而实际上这句话出自美国建筑师 Louis Sullivan 之口。其次，这句话被错误引用；原文是"形式永远服从功能"。当时的想法是设计应该反映其目的。在流行文化中过度使用错误引用和过时的短语会导致人们认为功能是第一位的，形式或设计是第二位的。事实上，这与 UX 设计的宗旨完全相反。

事实上，在 UX 设计热潮取得空前成功之前，外行人的"形式服从功能"的信条和态度对设计师来说是一种负担。在 UX 设计腾飞之前的几年里，也就是 2010 年之前的几十年里，人们的普遍想法是：每当通过技术创新引入新功能时，设计的作用就是让这些功能看起来有吸引力。这种流行且普遍的设计误解将设计师推到了食物链的末端。设计师实际上只是让事物看起来有吸引力，而设计工作更像是事后的想法。

2010 年之前的数十年里发生的无数产品事故就是这种致命方法的证明：杂乱无章的网站菜单、功能丰富但难以理解的仪表板、令人困惑的 iOS 之前的智能手机，以及难以操作的家庭娱乐设备。设计师经常被迫将他们的设计理念调整为固定的功能阵容，而没有信息架构、用户研究和其他必要的用户体验概念。

UX 变革及其对数字经济的影响最终颠覆了一切。随着 UX 设计对数字产品成功的重要性变得无可争辩，设计师从后排移到了前排。自 UX 兴起以来，设计师理所当然地被赋予了开发成功产品的使命。一旦 UX 的好处变得显而易见，人们就会理解 UX 设计流程：如果产品功能无法帮助用户实现目标，那么它们就毫无价值或价值不大。

然而，19世纪末和20世纪初"形式服从功能"时代的历史背景是一个令人着迷的时期，在此时期技术可行性和设计决策之间的冲突一直存在。这场斗争的纪念碑在世界各地仍然可见。摩天大楼受到Bauhaus"形式服从功能"理念的影响，但也受到相反阵营的影响，以纽约帝国大厦等建筑为代表，其建筑设计以视觉为导向，而不是功能为导向。

建筑设计中的这一事件在设计哲学思考方面仍然具有根本上的趣味性、影响力和现实意义，其影响仍在其他设计领域回荡。

想想当时建筑设计师面临的有趣挑战，真是令人震惊：技术创新使建筑师能够用钢结构建造更高的办公楼。随着技术可能性变得清晰，问题是：这些新的高层办公楼会是什么样子？传统上，高层建筑只有国家纪念碑和教堂塔楼等宗教建筑。那个时期的设计思维根植于这样的信念：高层建筑是公众眼中的纪念碑，因此应该象征人类的精神追求。出于这个原因，许多经典的高层建筑都借鉴了古庙的装饰台阶。Bauhaus设计师打破了这种思路，提出了严肃的功能导向理念。今天，我们看到了两个阵营的例子，提醒我们那场设计斗争将Bauhaus转向国际设计运动。双方都代表了设计史上丰富而迷人的篇章，反映了用设计决策解决技术创新的反复出现的思想。

3.5.3　UX对于XR的真正意义

XR领域的快速技术创新迫使设计师不断适应，并经常找到在类似情况下得到证实的解决方案，在这些情况下，范式转变需要非常规的想法和对人机交互基本原理的创新思维。一个经常被引用的例子是Douglas Engelbart于1964年发明的计算机鼠标。事后看来，问题显而易见：如何以快速、高效和舒适的方式与计算机屏幕交互。快进到2020年，我们发现关于AR交互的类似问题仍未得到解答：手势和手部追踪真的是AR头戴式设备的最佳解决方案吗？或者是否有一种设计解决方案可以为用户提供更好的体验，解决手部疲劳和缺乏触觉反馈的问题？Litho.cc是这个领域的一家创新公司，它提出了一个有趣的暗示性声明，"鼠标是为计算机而设计的。……是为增强现实而设计的。"小巧而智能的Litho控制器是一种创新的解决方案，可以解决手动输入或传统控制器的缺点。我们很可能会看到更多这些高度集中和UX驱动的输入设备，它们瞄准了XR交互的痛点（图3-8）。

对于开发数字XR产品的UX设计师来说，这意味着：不仅有更多的机会，还有更多的责任和更多的东西需要学习和测试。虽然硬件UX由设备开发人员提供，但基于平台构建的数字体验的UX设计必须利用该技术，同时也要引导用户完成依赖于设备的功能。从用户的角度来看，通常硬件和软件UX之间没有区别，因为大多数情况下它们分别被视为一个单一实体。考虑到这一点，XR 设计师有机会提供卓越的体验，特别是在设计过程中对平台技术和设备选项有更深入的了解时。

图 3-8　输入的演变（从左到右）：鼠标、游戏控制器、运动控制器、手部追踪、Litho 控制器（图片由 C. Hillmann 提供）

3.6　总结

本章探讨了 UX 设计师在数字经济中的作用，以及游戏行业的变化如何影响游戏设计的定义，并最终影响 UX 设计。它评估了新兴的 VR 标准，以及 XR 框架如何对 UX 设计决策变得越来越重要。本章探讨了典型的项目类别，以及设备 UX 的永恒设计理念和基本问题如何在 UX 过程中与数字 XR 产品相关联。

第 4 章

UX 和体验设计：从屏幕到 3D 空间

4.1 引言

本章将分解定义 XR 空间特性的 UX 元素。将研究 3D 设计空间的演变、其独特特性和功能，通过与用户产生共鸣来审查潜在的 UX 挑战。本章将缩小将 UX 设计技术应用于数字 XR 产品的策略范围，同时考虑其组件的 3D 对象特性，以及考虑精心设计对其长期成功的重要性。

AR 和 VR 体验的空间特性使 3D 导航和 3D 内容成为用户交互的原生核心要素。VR 世界具有立体深度体验；AR 眼镜可以发现嵌入用户对环境的深度感知中的数字叠加。即使是显示在平面屏幕上的智能手机和平板电脑的手持式 AR 应用程序，也可以通过空间移动和 3D 导航与 3D 世界交互。现实世界是一个 3D 空间，其中的对象在 X、Y 和 Z 轴上进行测量。另一方面，平板显示器（FPD）设备（显示器或平板电脑屏幕）使 3D 世界变得扁平和简单，这反过来又使内容更容易处理。相反，第三维度通过利用沉浸式立体 XR 交互空间中的信息架构提供的附加层，为用户解锁了新的超能力。

4.2 XR 摩擦漏斗的创新解决方案

由于 XR 变革将用户交互从平面屏幕转移到沉浸式 3D 空间，因此对于移动时代的数字产品来说，最重要的是不失去用户，或失去使用户交互成功的品质。

在历史长河中，科技不断为人类提供超能力，社会需要花时间去适应它们。在"像马一样快"（机动车）和"与远方的人交谈"（电话）等诱人承诺的驱动下，人类大脑需要学习和理解这些新的超能力，作为其升级工具集的一部分。演变教会了人类能够快速适应新的机遇，特别是如果这些机遇提供了捷径，会使事情变得更容易、更快捷，但这仍然植根于我们对现实本质的更深层次的假设。

UX 设计流程在移动和网络平台的创新浪潮中取得了非凡的成功，而这些平台的设计创新仍在以适度的速度向前推进，每年的设计趋势都为设计周期和功能迭代带来新鲜空气。现在是一个公平的竞争环境，用户、设计师和利益相关者了解哪些功能可以提高留存率，以及用户对设计交互的期望是什么。每一个滑动、触摸交互和手势都经过了仔细的映射和测量，而新的交互方法，如语音用户界面（VUI），则根据 UX 设计原则和研究而精心介绍。

将移动和网络领域的完善标准和有机增长与实验性的 XR 领域进行比较，后者看起来有点像"狂野西部"。

部分原因在于，当 3D XR 空间沿三个轴而不是两个轴分布时，由于更高的复杂性和用户与设计交互的方式增加，它具有许多固有的陷阱和潜在问题。

要找出在数字 3D 空间中决定用户体验成功与否的重要考虑因素，有必要从根本上看待这个问题，即研究交互和 UX/UI 设计的演变，以及哪些要点可以为解决问题的过程带来价值。

另一个考虑因素是，3D 空间为与之交互的用户解决了哪些问题？沉浸式数字空间的 3D 超能力如何使用户受益？

4.2.1 UI 向 3D 空间的演变

如果我们回顾过去 20 年的 UX/UI 设计，就会发现 UX/UI 设计师与 3D 交互的接触点非常少（唯一的例外是独立发展的游戏 UI 设计）。事实上，为当今的 UI 标准铺平道路的 UX/UI 设计的最大创新之一是扁平化设计的兴起，这与 3D 可视化完全相反。

扁平化设计的简约方法使用户交互更轻松、更清晰、更专注。它性能友好，并且高度适应响应式设计；此外，它看起来像素完美清晰，并且通过使用扁平配色方案使视觉和谐，更容易设计。因此提高了可用性,并且这种风格发展形成了自己的艺术运动。

从今天的设计视角来看,扁平化之前的界面设计给人一种过时的范式的印象。斜面按钮和代表真实世界元素的 3D 元素(称为拟物化)通常会增加混乱而不是清晰度。

扁平化设计扫除了前几十年来界面设计中存在的混乱,并为移动时代创造了新的可用性标准。

苹果最初的 Skeuomorphism 演变成了微软的 Fluent、谷歌的 Material Design,强调效率而非熟悉的 3D 美学设计语言。

然而,没过多久,微妙的 3D 元素就被小心地重新引入扁平化范式中。当需要使用第三维度的提示来强调层顺序时,一些细微的 3D 元素(例如具有环境光遮挡的柔和阴影和精心堆叠的 UI 面板)进入了现代界面设计,以帮助导航信息架构。当 3D 重新引入界面设计时,它通过 UX 设计流程进行评估。这一次,重点关注可用性和用户利益,而不是使用 3D 技术的视觉噱头,仅仅因为它们确实可用。用阴影和高光模拟深度是解决扁平化设计必须面对的一些评判问题的一种方法,主要是确定设计功能和区分 UI 导航元素的问题。数据驱动脱离了一些纯粹的扁平化设计原则,这种转变引发了新一波设计创新,包括拟物复兴,以及新拟物主义(neumorphism)和玻璃拟物主义(glassmorphism)等分支。

3D 在视觉界面设计中是一个非常专业的领域,而交互式 3D 在更大的 UX 设计流程中确实是一个完全不同的游戏,但考虑到它在设计历史中的演变,如何在 3D 布局中与空间元素进行交流和交互的交互用例和设计方法是一个有趣的案例研究。

XR 设计的要点是:采用最小可行产品(MVP)方法,并专注于对用户最重要的功能和设计元素,通过提出诸如"解决给定问题的最小功能集和设计解决方案是什么?"和"我如何将核心功能减少到最低限度,以便能够测试它是否朝着正确的方向发展并为用户服务?"这种方法通常被称为精益用户体验循环,是一个观察、构建、测试和测量的迭代过程。一般的 MVP 方法是通用的,适用于交互设计和视觉设计(图 4-1)。

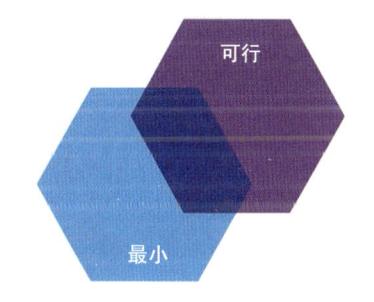

图 4-1 最小可行产品。最小产品是一种吸引力较小的产品,因为它的功能较少。可行产品具有所有功能,但价格太高。最小可行产品是两者的结合,通常适合初创公司测试产品在特定市场中的有效性(图片由 C. Hillmann 提供)

4.2.2 了解漏斗中的用户

John Carmack，开发者传奇人物、Oculus 首席技术官，经常谈到 VR 的摩擦漏斗问题，即用户需要花费多少时间和精力才能最终获得理想的沉浸式体验。影响摩擦漏斗的很多因素都是由硬件决定的，数字产品的 UX 设计师对此无能为力，只能希望下一代头戴式设备更轻、更快、更易于佩戴。

尽管如此，UX 设计师可以控制数字产品体验，尤其是新手引导流程、第一印象以及体验的关键前 30～60 秒。良好的设计可以用刺激和信息丰富的方式引导用户，用有益和有趣的新手引导流程开启 XR 之旅。

由于其沉浸式的特性，XR 中的第一印象要更加强烈，因此对于积极的用户体验更为重要。任何其他电子媒介都存在如此大的风险，比如加载屏幕时间过长，第一幅图像卡顿、滞后或扭曲，或者初始进入空间迷失方向和缺乏引导。VR 用户通常从空旷黑暗的空间启动，这一事实通常会给普通用户带来很大的困扰。

开发人员一再低估用户的担忧：这会不会乏味、无聊、麻烦和烦人？如果没有积极的刺激，将用户从无尽的黑暗空间中拉出来所需的时间似乎会持续很长时间。启动 AR 应用程序的加载时间虽然不那么极端，但在某些方面相似。很多时候，用户担心错过某些东西或看错了方向，或者担心可能会有他们无法理解的东西。因此，开发人员需要 UX 设计师的原因正是用户同理心。

用户同理心是每个成功的数字产品设计的基石。了解用户并使用同理心地图等技术通常是解决问题过程中必不可少的一步（图 4-2）。

图 4-2　用户同理心地图与使用的产品相关联。第 6 章的案例研究是一个同理心地图和感官输入如何在 XR 中发挥作用的例子（图片由 C. Hillmann 提供）

同理心地图基于用户研究、访谈和调查，目的是表达特定类型用户或用户群的需求。在 UX 设计过程的早期阶段，同理心地图可以作为提取人物角色的基础。评估"说、想、做和感觉"四个象限，以捕捉用户的行为和态度。"说"可以直接引用研究，而"想"定义了对用户来说什么是重要的。"做"是用户为实现目标而采取的行动，"感觉"是指情感态度、对体验的担忧和兴奋。然后，这张地图让我们能够在设计过程的最初阶段得出结论，以找到以用户为中心的解决方案。它是了解用户行为、识别痛点、消除偏见和在团队内传达调查结果的众多工具之一。

除了这个过程之外，在沉浸式媒体设计中还存在一系列既定的策略或方法来管理用户的新手引导阶段：

- 第一：循序渐进，逐渐引入新事物。
- 第二：展示一些熟悉的东西，让人们感觉舒服。
- 第三：让用户领略一下正在进入的世界，对风格、规模、设计理念、情绪和愿景进行初步预览。
- 第四：一开始就做一些快乐或有趣的事情，以培养积极的态度。

通常情况下，XR 体验使用初始高度评估或控制器设置，通过游戏化内容来留下良好的第一印象。如果用户认为事情很好地完成，他们可能会感到更积极，更愿意做出承诺。

设计精良的 VR 体验非常重视快速加载，一个外观精美的加载界面搭配独特的音频标识，随后是一个配备可探索的交互式对象的吸引人的大厅。

类似地，设计精良、平衡良好的 AR 应用程序在初期就提供了视觉上的享受，高度重视空间音频设计，并提供了早期的方向提示，使用户进入交互体验时感觉有机而自然。

4.2.3　XR 世界是 3D 的，就像现实世界一样

正如本章开头所指出的，XR 设计的元素存在于 3D 空间中。即使是一个扁平的四边形，在某种意义上也是一个空间对象，因为相对于用户而言，它可以通过距离和视角来改变其相对位置。例如，一些原型设计工具允许将带有 Z 轴空间偏移的 Photoshop 图层导出作为 AR 对象，这一点非常重要。通过这种方式，之前的扁平化设计就变成了一个增加了第三维度的 3D 对象。这一事实给设计师提出了许多新的问题。例如：

- 如何避免因视角而导致的透视扭曲？
- 与观看者的最佳距离是多少？我如何确保达到并保持最佳距离？

- 我的设计如何与环境互动？它能反射颜色和光线吗？它在哪里投射阴影？它是环境的一部分吗？它是位于表面还是漂浮着？

问题不仅仅停留在外观上；对象交互还带来了一系列新问题，例如：

- 这个对象会对接近做出反应吗？它是如何被激活的？当它被激活时，会给出什么样的视觉反馈？它会旋转、发光、变大，还是会被一圈光晕勾勒出轮廓？

其中一些问题可以通过传统的游戏设计解决方案来解决：可以使用经典的游戏广告牌来实现面向摄像头的平面，迫使对象始终面向摄像头或用户的视角。类似地，跟随用户移动的浮动菜单可以帮助稳定最佳视角和观看距离。如上一章所述，VR UI 解决方案中的大量实验可以应用于 AR。另一方面，为 AR 建立的交互框架，例如优先考虑手部交互的 MRTK 框架，也可能在 VR 中应用。

4.2.4　3D 导航作为一种超能力

3D 交互空间具有为用户带来益处的巨大潜力，但同时也存在一些可能导致失败的隐患。

沉浸式立体用户体验的好处在于，我们可以获得用于交互的额外深度轴和 360 度空间来组织信息。目标是更快地访问内容，轻松理解内容上下文，并有更多空间来展开内容。如果我们回顾 UX/UI 设计的演变，就会发现，一个反复出现的挑战是通过用户界面组织信息架构，这通常反映在复杂的菜单和子菜单中。

另一方面，通过立体深度感知体验的沉浸式 3D 空间，利用深度感知和沉浸式空间超能力，为组织和呈现复杂信息提供了新的机会。

在 XR 世界中，我们实际上可以触到物体后面，将物体从前移动到后，或将信息容器旋转到位，而不会像在 2D 屏幕上那样造成混乱。

MRTK 框架再次很好地展示了如何以优雅和直观的方式实现这一点。

最有效的交互设计遵循人类大脑已经理解并知道的模式。按下、展开、切换、翻动、卷起和翻转数字元素的手势或控制器手势在 XR 中效果很好，因为我们从现实世界的经验中熟悉它们，并且对结果有所预期。当看到在现实生活中有效的东西在 AR 或 VR 中重现时，有一种额外的满足感。它让用户感到欣慰，即交互原理是通用的，这些知识和经验不管在真实环境中还是在虚拟环境中都有效。

除了强化熟悉感之外，夸张和增强的 XR 能力还能让用户产生一种被赋予权力的感觉。能够利用引力从远处拉动物体、通过快速传送移动以及其他增强的交互方法引入基于熟悉感思想的超能力，并可以作为更快获得结果的捷径。XR 超能力的存在需要有强有力的理由，例如对用户的主要好处，并且需要传达给用户，否则用户可能不知道这些好处。新手引导流程是向用户介绍基本概念，并提前体验好处的好机会。专注于节奏良好的游戏化功能介绍，通常是游戏成功的秘诀，同时最大限度地减少用户进入 XR 体验的摩擦漏斗。

4.3 设计空间 XR 体验的基础知识

我们正在进入一个物理体验和数字体验之间的界限将越来越模糊的时代。因此，设计师被鼓励去理解空间设计在物理世界中的作用，就像理解它在数字世界中的规则一样。空间的感官和氛围品质，以及如何将空间设计语言转化为 XR 世界是一个很好的起点。建筑师、室内设计师和舞台设计师的经验帮助我们理解如何设计空间旅程，以及如何绘制正空间和负空间、活跃空间或非活跃空间。空间记忆、可见性、深度和共享空间的心理是空间设计过程中的重要考虑因素。空间在设计中的作用有着丰富的文化历史，既可以反映在微观空间中，如 UI 元素，也可以反映在宏观空间中，例如体验区和整个 XR 世界及其故事叙述。除了交互设计和数字对象设计之外，世界构建和空间设计是构建令人信服且有意义的数字场所的关键要素。

4.3.1 数字 XR 产品的 UX 设计流程

UX 原则是通用的，适用于任何事物，无论是数字世界还是现实世界与任何对象设计的交互，甚至是日常用品，例如简单的茶杯。这同样适用于一般 UX 设计流程的基本阶段：产品定义、研究、分析、设计和验证。此过程是通用的，适用于任何设计类别，无论是数字设计还是非数字设计。当聚焦于网络和移动应用与 XR 体验的 UX 设计流程时，它们的差异在于迭代过程的效率（图 4-3）。

虽然一般的 UX 设计流程是通用的，但这一迭代过程促成了移动时代的巨大成功。从低保真原型到高保真原型的高效流程，以及为开发人员交接而制定的协议，都推动了具有高度动态能量的敏捷产品设计变革。为了将这一无可争议的成功模式转移到数字 XR 产品上，我们需要研究 XR 原型设计过程中的痛点。正如前面所指出的，这些痛点包括更高的平台复杂性、更多的交互类型，以及通常缺乏交互标准。反过来，这意味着构建原型进行测试和迭代是一项更为艰巨的任务，需要高水平的技术技能或编码团队的支持。对于网络和移动应用程序来说，构建、测试和迭代非常简单，因为点击、触摸和滑动之间的交互类型有限。用于网络和移动应用程序的 UX 设计工具（如 Sketch、Figma 和 Adobe XD）已经缩减了最重要的功能、交互类型和过渡，以便能够动态构建可点击的原型。这种快速的设计流程由强大的工具增强，从低保真原型过渡到高保真原型，以快速测试和迭代，这使 UX 设计具有重要的优势，并使其成为一个蓬勃发展的行业。

图 4-3　UX 设计流程（图片由 C. Hillmann 提供）

然而，为了能够使用数字 XR 产品的 UX 设计流程达到类似的效率水平，我们需要识别并绘制出包含潜在瓶颈的区域。

4.3.2　XR 中的双钻石模型

著名的双钻石模型可能是 UX 设计中最基本的标准之一。它展示了研究和设计的两个阶段，并通过其独特的钻石形状传达了 UX 设计流程中的发散思维和收敛思维。第一个钻石展示了发现问题的过程：先发现问题（发散），然后定义问题（收敛）。第二个钻石展示了寻找解决方案的过程：构思，扩展联系（发散），然后缩小结果范围，实施并测试这些结果（收敛）（图 4-4）。

可以说，XR 最关键的点在于两个钻石之间，即在定义问题之后和寻找解决方案之前的空间。中间的这个点通常被定义为最终简报，这是研究阶段的综合，构成了实际设计过程的框

UX 和体验设计：从屏幕到 3D 空间　　　　79

架。有一种看法是：从这一点开始，我们需要考虑 XR 世界的条件，以便能够在以后成功地制作原型和迭代。如果我们在这个关键点处不考虑 XR 世界的条件，特别是在效率方面，我们可能会在以后的过程中遇到重大问题，例如，第二个钻石模型中的构思过程会进入死胡同，因为结果无法实现或太耗时且难以制作原型。一种方法是在这一阶段捕捉 XR 环境的条件和性质，以及平台限制。在解决这一阶段问题的众多可能方法中，有一种特定的系统非常适合：面向对象的用户体验（OOUX）。

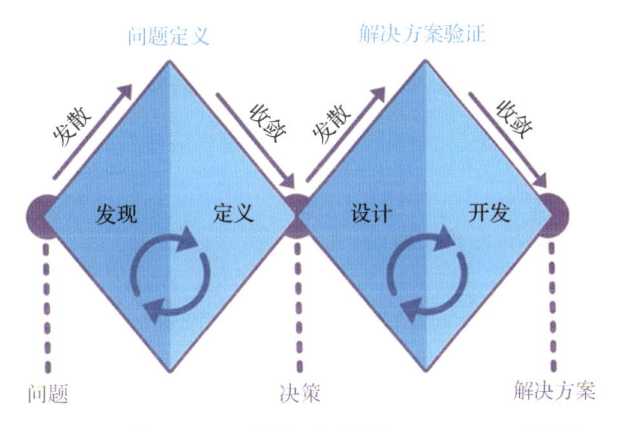

图 4-4　双钻石和 XR 映射（图片由 C. Hillmann 提供）

4.3.3　UX 设计创新：OOUX

什么是 OOUX？设计用于空间计算的数字产品（用于当代 AR 或 VR 设备）意味着为 3D 空间概念化解决方案。每个 XR 对象（即使是简单的 2D 叠加）都存在于 3D 环境中，并具有空间依赖性。为了解决特定的设计问题，我们可以从面向任务或面向对象的角度来看待设计策略。虽然传统方式以任务为中心，使用故事叙述和用例来解决问题，但使用面向对象的设计方法来处理空间计算是有意义的，可以捕捉到充满数字 3D 对象的空间 XR 世界的本质。

OOUX 是一种专注于对象（即用户与之交互的事物）的设计理念。OOUX 的灵感来自面向对象编程（OOP），这是一种专注于数据对象而非功能和逻辑的软件设计范例。

OOUX 技术传播者 Sophia V. Prater 在一次关于 XR 的对话中指出：

"如果我们通过屏幕、语音 UI 或虚拟现实等媒介设计数字环境，设计师需要非常清楚该环境中需要哪些对象。哪些对象对于最终用户来说是有价值的？这些对象之间如何相互关联？用户可以对这些对象做什么？这些对象可能具有哪些属性？如果我们在设计之前没有搞清楚这些基本问题，我们的设计不太可能让用户清楚地知道答案。如果用户无法轻松理解环境中的对象，他们理解环境本身的可能性就很小。"

面向对象方法首先对对象进行分类，然后为这些对象分配行动来组织 UX 设计流程。其好处是它遵循用户的思维模式，即首先查看对象，然后决定如何处理它。用户旅程及其对象和行动号召反映了人们在现实生活中的行为方式。例如，当进入建筑物时，一个人正在寻找与之交互的东西（对象），例如电梯，然后按下电梯按钮来激活它。

虽然 OOUX 是一种在任何平台上解决 UX 设计问题的独特方法，但它的一般方法很适合 XR 领域的设计问题。原因如下：

1. OOUX 更有效地解决 XR 空间问题。由于空间计算本质上是面向对象的，因此 OOUX 的心智模型通常与实际的 XR 对象相同。

2. OOUX 在考虑程序操作之前将核心内容视为对象。OOUX 的响应特性使其独立于平台，其理念和灵活性不受面向页面的范式以及与 2D 屏幕上的网络和移动空间相关的 UX/UI 流程的影响。

3. XR 原型设计通常基于 OOP（如 UE4 中的 Blueprints）。保持面向对象的思维模式更容易，也更一致。

在我的书 *Unreal for Mobile and Standalone VR*（Apress，2019，ISBN 978-1-4842-4360-2）中，谈到了非程序员在使用基于 OOP 的可视化脚本设计 VR 世界时，养成面向对象的思维模式的重要性。其中第 3 章 "The Object-Oriented Mindset: Converting Ideas into Blueprints" 解释了将函数封装在对象中的好处，以及对象继承作为面向对象思维的基本方式的重要性，以便使用 Unreal 引擎及其 Blueprints 系统更高效地进行 VR 制作。

面向对象思维是解决编程相关问题的明智选择，但其应用范围远不止于此。OOP 变革对设计和哲学等其他领域产生了重大影响，这并不奇怪。事实上，基于类的面向对象编程范式在古代思想中已经有所预示，例如柏拉图的形式论。柏拉图将形式描述为现实世界对象的抽象表示，这与现代 OOP 思维非常相似。

OOUX 背后的伟大理念不仅有助于构建、调整和优先考虑数字系统；它们还有助于解决精细层面的问题，同时始终与用户对物理世界的期望保持一致。

OOUX 消除了混乱，并将核心内容结构化为 XR 友好的信息架构。它为 UX 双钻石流程中的"问题定义"和"解决方案验证"之间的 XR 映射过程提供了出色的解决方案。

OOUX 的创建者和传播者 Sophia V.Prater 使用一种称为 ORCA 流程的特定方法来分解对象、关系、行动号召和属性，从研究过渡到处于 UX 双钻石流程中心的设计。ORCA 代表对象发现（Object discovery）、关系发现（Relationship discovery）、行动号召发现（Call-to-action discovery）和属性发现（Attribute discovery）。

4.3.4　OOUX 的实际应用

OOUX 的目标是首先考虑内容，然后确定可复用、可互换、模块化的东西：一个反映现实世界心智模型的模块化系统，可以高效一致地应用于任何平台或设备。在典型的 UX 设计流程中，OOUX 步骤如下：

1. 发现对象

使用研究数据（例如利益相关者和用户访谈），通过查找与之相关的名词，可以直接从组织或用户故事的目标中提取对象。

2. 定义对象

定义对象的核心内容是构成对象的粒度描述。定义目的、属性和元数据还可以建立一种关于定义对象的共享语言。

3. 建立对象关系

对象关系是通过交叉引用或嵌套对每个对象及其与其他对象的关系进行思想实验来建立的。

4. 强制对对象进行排序

确定对象的优先级和排序意味着将复杂性降低到最重要的方面。重点是可用于 MVP 的核心功能。

这个过程通常是在带有彩色便签的白板上完成的，它通过模块化、响应性和可复用的内容结构来创建清晰度。

OOUX 最常用于网络和移动设计，它可以快速转换为低保真线框，以便能够快速迭代。由于其抽象程度高，它可以转换为任何设备或平台，包括 XR 空间。

XR 空间的优势在于 OOUX 对象可以自然地转换为引用实际数字对象及其功能的 XR 原型。

4.3.5　案例研究：Reality UX

绘制出面向对象的设计系统是下一阶段的基础：构建原型。如何进行取决于许多因素，包括设计师的技术技能和技术团队的可用性，以及框架和平台的限制。

我提出了一个内部系统，我将用它作为案例研究。其背后的思想是解决 XR 原型设计阶段的典型问题。该解决方案被称为 Reality UX（rUX），它是使用 OOUX、XR 启发式方法和我们内部解决方案（称为 Reality UX 工具包）解决 UX XR 问题的过程的总称（图 4-5）。

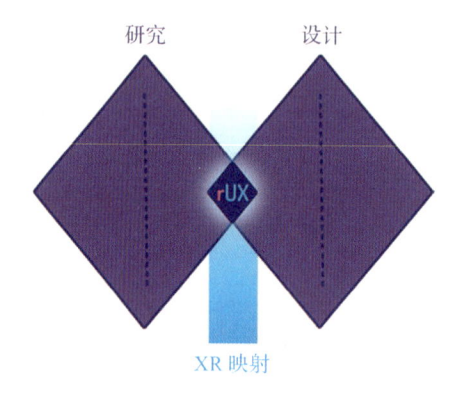

图 4-5　Reality UX（rUX）中使用双钻石模型和 XR 映射（图片由 C. Hillmann 提供）

什么是 Reality UX 工具包？Reality UX 工具包包含设计低保真原型所需的一切，该原型可无缝扩展到高保真原型进行测试和迭代。它的核心是最常见的 XR 框架中的功能清单，例如 Unity XR 交互工具包、混合现实工具包（MRTK）和 UE4 的高级 VR 框架等。使用唯一标识符，每个功能都用字母加数字以及功能描述来引用，例如"A04——使用 UE4 高级 VR 框架进行传送"，后面是描述和功能集。由于每个框架都有其独特的功能、交互解决方案和自定义选项，因此 Reality UX 工具包会追踪数据库中的所有可用选项。Reality UX 数据库会在需要时更新，例如，当新版本或全新的新增框架可用时。

该系统可充当参考库，可以轻松识别特定平台上的特定框架功能。目标是消除从构思到低保真原型再到 MVP 的猜测。

它解决了这样一个问题：在绘制草图和构思阶段，功能不明确，因此难以制作原型。例如，XR 概念中的功能需要自定义编码，这会产生瓶颈，如果能早点确定具有同样功能且现成的通用框架解决方案，则可以轻松避免这种瓶颈。在构思阶段将功能锁定到特定框架特性的好处是，它可以创建更清晰的实施路线图，同时仍具有足够的灵活性来指出自定义特性（具有自己独特的标识符，例如 C001 等），以便从早期开始考虑。

使用 Reality UX 工具包，UX 设计师可以识别框架的同时使用纸笔勾画出各个功能，并使用简单的标识符，以便团队成员在构建设计之前可以查找、检查和测试（如果需要）。

该解决方案对于不同的方法和用例具有足够的灵活性。例如，在完全开放的构思过程中，任何平台和功能都是完全开放的，可以使用混合搭配的方法来混合不同的框架标识符和自定义功能，然后将重点放在最重要的方面，这样最终就可以更轻松地决定选择哪个平台和框架。这有助于尽早确定框架可以提供解决方案的地方，以及所需功能需要自定义编码或写脚本的地方。

或者，用一种完全不同的方法，将选择限制在一个特定的框架和平台上，以更快地进入原型设计过程。

Reality UX 工具包背后的思想是在设计可点击的原型时，模仿网络和移动应用程序的 UX 设计流程的清晰度，并基于明确定义的特性和功能进行构建，例如，单击按钮即可触发页面转换。低保真原型能够参考高保真原型和最终产品的功能，因为这些功能定义得非常明确。

Reality UX 工具包作为数据库是一个动态文档，其中特性、评论、问题和自定义选项都以团队成员可以访问的共享格式进行追踪和更新。

在早期设计阶段，确定可用框架的功能是一种避免以后出现麻烦和瓶颈的方法，因为看起来简单的解决方案最终会变成不必要的技术挑战。框架几乎总是配备标准的基本交互，除非有特殊原因，否则不需要重新设计。

一般 XR 问题的解决方法取决于项目，尤其是预算和团队规模。有些项目可能需要从头到尾进行自定义编码，因为需要特定的多人游戏性能或其他创新特性。

Reality UX 示例是处理 XR 中的原型设计过程的众多可能方法之一，它不仅适用于中型项目，也适用于小型应用，包括一次性项目，例如特殊事件体验和企业内部使用的沙盒。它的优点是：使用经过验证的方法和已建立的框架功能快速获得可靠的结果，在尽可能短的时间内将项目从构思转变为 MVP。

考虑到 OOUX 的背景，实现该目标的过程如下：

1. 使用 OOUX 识别思维对象和信息架构；
2. 通过将视觉对象分配给 OOUX 中的心智模型来设计概念；

3. 使用 Reality UX 工具包识别功能并引用它们；

4. 使用引用的框架功能进行构建和迭代。

4.3.6　3D、空间对象设计和用户交互

在讨论了数字 XR 产品的 UX 设计流程及其具体问题之后，最好再了解 3D 对象设计及其在空间计算中的作用。3D 对象在 AR 和 VR 中具有不同的角色和定义。

在 VR 中，虚拟空间中充满了构成环境的 3D 对象，营造出空间和深度的幻觉。每个 VR 世界都是一个独特的 3D 对象架构。3D 对象是游戏引擎资产，构成了沉浸式 VR 设计的构建块。

目前以手持式 AR 为主导的 AR 中的大多数 3D 对象遵循不同的规则，至少在行业的现阶段是如此。

AR 对象通常不存在于自己独特的世界中，而是存在于平台上，AR 交互通常由社交媒体应用程序（例如 Snapchat 和 Facebook）或专用 AR 共享平台（例如 Adobe Aero）实现。手持式 AR 的 3D 对象通常是独立的应用，而不是沉浸式环境的一部分。如果特定的 AR 应用变得足够流行，足以改变整个行业的动态，这种情况可能会迅速改变，就像 *Pokemon Go* 或宜家 AR 应用程序 IKEA Place 以及相关的成功案例一样，这些成功案例大多属于"产品试用"类别。尽管如此，大多数社交 AR 互动都是通过社交和分享平台进行的，并且集中在单个 AR 对象上。其作用可以解释如下：AR 对象即应用程序。

一个典型的例子是苹果通过发送带有邀请的链接来推广特别事件。该链接打开一个 AR 对象，利用苹果的 AR 平台功能（例如 AR Quick Look）来显示嵌入在用户环境中的 AR 对象。激活后，AR 对象会播放动画并发布其信息。

AR 对象的好处在于，用户会有一种归属感，因为对象会显示在他们自己的直接环境中。它是用户世界的一部分，会根据他们的行为和环境变化做出反应。这一事实使对象更加亲密和个性化，并且更容易与用户建立个人关系，从而鼓励与之互动。

"AR 对象即应用程序"这一概念对 UX 设计师来说具有多重意义。AR 对象视觉设计的核心是 3D 多边形设计、纹理设计和 3D 动画，这些都包含在空间叙事概念中。

转向空间叙事的 UX/UI 设计师必须从 2D 过渡到 3D 设计，以构建支持和推动 XR 叙事的视觉组件和交互。

4.3.7 社交 AR 对象作为应用程序及其设计方法

AR 资产的视觉设计过程与 3D 游戏或 VR 资产的视觉设计过程类似，不同之处在于，如果为共享平台设计，AR 对象通常会独立存在。决定其吸引力的视觉设计属性取决于平台的功能和用户的环境。

要设计可共享的社交 AR 应用程序或对象，重要的是通过解决以下问题来验证所支持的功能集：它是否支持多种动画？有哪些可用的触发选项？可以显示哪些信息？有哪些着色选项和环境功能可用？

AR 对象的核心是其视觉吸引力。只有当呈现的对象看起来足够有趣和吸引人时，用户才会有兴趣参与和互动。AR 对象的一大独特卖点是它们嵌入用户的环境中，这通常是通过苹果的 ARKit 和谷歌的 ARCore 技术，利用摄像头的透视功能和手持设备上的对象追踪功能来实现。

将 AR 对象令人信服地嵌入用户环境中所需的关键功能是表面阴影和对象环境着色。表面阴影由平台处理，设计师几乎无法调整 AR 对象阴影投射到用户环境表面的质量。另一方面，对象 AR 表面则由设计师控制。对象如何与环境光交互取决于其表面着色器的设计。

用于逼真的实时着色的计算机图形标准称为基于物理的渲染（PBR），该概念将表面特征拆分为专用通道，使用纹理贴图来定义表面属性。PBR 纹理一直是游戏资产设计中的主要和重要工艺。大多数现代游戏都严重依赖详细的 PBR 纹理来传达真实感和环境细节。Adobe Substance Painter 和 Marmoset Toolbag 等工具提供了丰富的工具集来设计表面材质，方法是绘制或调整相应的通道纹理贴图。最常见和最基本的 PBR 通道是反照率（颜色）贴图、法线贴图、粗糙度贴图、金属度贴图和环境光遮挡贴图。

以上五个基本通道通常足以满足大多数对象中常见的表面属性（图 4-6）。

使用和设计这些通道将决定如何从设备的摄像头拾取环境光以及它如何与使用 PBR 纹理的 AR 对象交互。

AR 对象只有在传达来自环境的离散视觉线索（环境光、反射、自阴影和镜面高光）时才会令人信服。每个 PBR 材质通道都会有助于真实的表面与光源的互动，大多数时候是基于摄像头实时合成的高动态范围（HDR）图像照明。

AR 对象的 PBR 纹理是其吸引力的重要组成部分，但是它还取决于一般的风格决定。一些设计师可能更喜欢极简、有限或简单的无纹理非 PBR 着色，用于风格化上下文或需要将下载大小保持在最低限度的情况。

图 4-6　UE4 材质 PBR 通道、使用 RGB 通道填充环境遮挡、金属质感和粗糙度

吸引人的 AR 对象的另一个重要部分是其动画。动画使对象栩栩如生，并传达其状态和信息或行动号召。通常，AR 对象具有一个空闲状态动画循环，表示"等待激活"，以及一个触发激活的播放一次的动画，用于显示信息或任务，通常是行动号召、网络链接或公告。

可共享 AR 对象的功能受限于每个 AR 社交媒体创作平台的功能集，例如适用于 Facebook 和 Instagram 的 Spark AR Studio 以及适用于 Snapchat 的 Lens Studio。其他 AR 对象共享平台（例如 Adobe Aero）要求在设备上安装 AR 查看应用程序。平台创作约束是定义视觉设计过程的 3D 对象格式。

以下是 AR 中使用的当代 3D 对象文件格式：

1. 开放行业联盟 Khronos Group 制定的 glTF（图形语言传输格式）；
2. USDZ（通用场景描述，zip 压缩），由苹果与皮克斯合作创建。

两种格式具有相似的功能，速度很快，并且支持 PBR 纹理以及动画。

这些现代文件格式取代了已成为 VFX 和游戏开发标准的既定 FBX 交换格式以及传统的 OBJ 格式（仅用于几何和 UV 数据，不包含纹理和动画）。

基本的 USDZ 或 glTF 对象可以存储所有必要的视觉信息，例如 PBR 材质和对象动画，并且可以通过苹果的 iOS Quick Look AR 查看器或 Android 设备上的任何 AR 模型查看器在 AR 中查看。XR 模型的绝佳展示平台是 Sketchfab.com，允许在 AR 和 VR 中查看带有 PBR 纹理和动画的 3D 模型，其中包括一种通过其模型检查器查看各个 PBR 通道和线框的方式。Sketchfab 不仅是 XR 资产的首要市场，也是一个很好的学习资源，它使有抱负的 XR 设计师可以通过分析使其栩栩如生的组件来研究优质生产资源的构建（图 4-7）。

图 4-7　Sketchfab 中的模型检查器，其中有 Nika Tendetnik 制作的模型（CC BY 4.0，sketchfab.com/n.tendetnik）

AR 资产的视觉设计及其几何形状、表面属性和动画，加上 AR 创作平台的交互功能，是创作可通过社交媒体和专用 AR 渠道共享的令人信服的 AR 对象的关键因素。

就模型和表面属性而言，这些技术对于 VR 来说在很大程度上是相同的，但由于 VR 资产通常是游戏引擎创作的更大的封闭环境的一部分，因此必须考虑特定于 VR 的技术和惯例（如

第 3 章所指出的）。

由于 AR 处理设备的广泛使用，以及 AR 功能在社交媒体平台上的流行使用，将社交 AR 对象作为应用程序是目前最流行的 AR 概念。在不久的将来，这种情况可能会发生变化，因为可穿戴 AR 设备变得更加普及，并且具有丰富的沉浸式和立体 AR 环境的专用 AR 体验可能会成为主流。

4.4 沉浸式交互：感官、触觉、手势、音频和语音

XR 中的用户体验是其感官输入总和的结果。我们可以设计人脑如何处理这些输入，通过使用视觉、听觉和触觉来设计用户旅程。偶尔，当实验性的体验使用嗅觉、味觉和思维时，我们会得到感官的扩展工具箱。通过控制用户交互，使用脑机接口（BCI）仍处于高度试验阶段，但它将在几年后应用于消费设备。

视觉、听觉和触觉是当代 XR 体验的基本组成部分，采用沉浸式视觉设计、空间音频和触觉控制器反馈。通过提供视觉、音频和触觉刺激，我们可以引导用户的注意力，让他们踏上故事叙述的旅程，并展示内容、激活和解锁相关构建模块，使这种体验令人满意、有价值且有意义。

XR 的沉浸式特性意味着视觉和音频提示可以来自 360 度环境中的任何地方。能够从视觉上感知立体深度，并识别空间音频提示的准确位置，以其他媒体平台无法实现的方式吸引用户提供了机会。

自从计算机游戏成为主流以来，360 度 3D 环境和空间音频就是 2D 显示器上游戏设计的一部分，但现在改变一切的新元素是 XR 可穿戴设备的环境是立体且沉浸式的，用户是中心，与现实生活模拟进行交互。来自身后的声音可以触发转身，而视觉提示（例如光线投射时物体的高光）可以发出可供性信号。XR 世界是对现实世界行为的模拟，并为用户增加了超能力。

因为用户生活在现实世界中，所以他们对事物应该如何发展抱有很高的期望，这种期望深深植根于大脑的边缘系统中。任何背离人类进化知识的东西都必须具有明显的好处、捷径或超能力，才能被接受。这包括视觉一致性、风格参考、规模和可信度。空间音频，尤其是叙事音频，在 VR 体验中发挥了重要作用，因为它们相对容易制作，并且为用户在 XR 世界中导航提供了一种很好的方式。方向问题、交互指导和新手引导通常严重依赖于音频叙述，因为它性能友好、易于制作和实施。它是 XR 设计的唾手可得的成果，因为它可以用很少的努力完

成很多事情。许多 XR 游戏严重依赖广泛的 XR 叙述，在故事叙述层面之上提供提示、指导和导航通知。

另一方面，语音导航，例如语音命令和语音搜索在 XR 中也变得越来越重要，原因显而易见，使用控制器输入文本通常很烦琐且耗时。语音导航用于 Oculus Quest 上的 Wander 等应用程序，用于快速输入所需目的地，并且它已成为 MRTK 展示的一部分，展示了当双手忙碌时语音如何帮助滚动浏览地图。在这种情况下，语音输入用于"放大"和"缩小"命令，从而大大提高了工作效率。由于空间音频在沉浸式 XR 中的重要性，语音似乎是与数字环境对话的自然延伸。

触觉以一种更微妙的方式主要通过控制器振动来体验。然而，如果某个项目已被选择或激活，与场景几何重叠，或者正在做一些重要或不需要的事情，这是一个重要的交互信号。它把用户的注意力引向控制器交互，并发出交互结果的信号。触摸或振动是令人满意的用户体验中微妙但重要的一部分；它用物理属性增强了感官输入。

4.4.1 XR 交互设计和 OODA 循环

在本书的定性调查中，为了研究设计师如何规划、概念化和设计数字 XR 产品，显然，很多 XR 设计师都有自己独特的方法或内部程序来处理制作。

如果面临紧急、时间紧迫、复杂和不可能完成的制作，拥有多种策略往往是个好主意。传统上，XR 领域的产品设计师遵循游戏制作标准，制作实时游戏设计文档作为制作的核心。

一位经验丰富的 XR 设计师曾设计过多款成功游戏，他指出，他在游戏设计过程中使用了一种称为 OODA 循环的方法。OODA 循环是一种四步决策方法（观察、定位、决策、行动），由军事战略家 John Boyd 为作战行动过程开发。该概念已在游戏设计中用作竞争性决策工具。它是一种快速处理传入信息并做出明智决策的方法（图 4-8）。

XR 体验或游戏可以看作玩家做出的一系列决策。在 OODA 循环中，第一个"观察"（Observe）阶段与数据有关。用户正在观察可用资源并收集数据。

"定位"（Orient）阶段是他们采取行动，赋予收集的数据意义并消除不必要的数据块的阶段。在"决策"（Decide）阶段，他们会根据自己的角色评估风险和回报，并在参与之前确定优先顺序。在"行动"（Act）阶段，用户执行他们的计划并通过他们的行为改变情况的状态。

可以根据以下四个阶段来评估 XR 或游戏，以防用户在体验过程中遇到重复的问题。

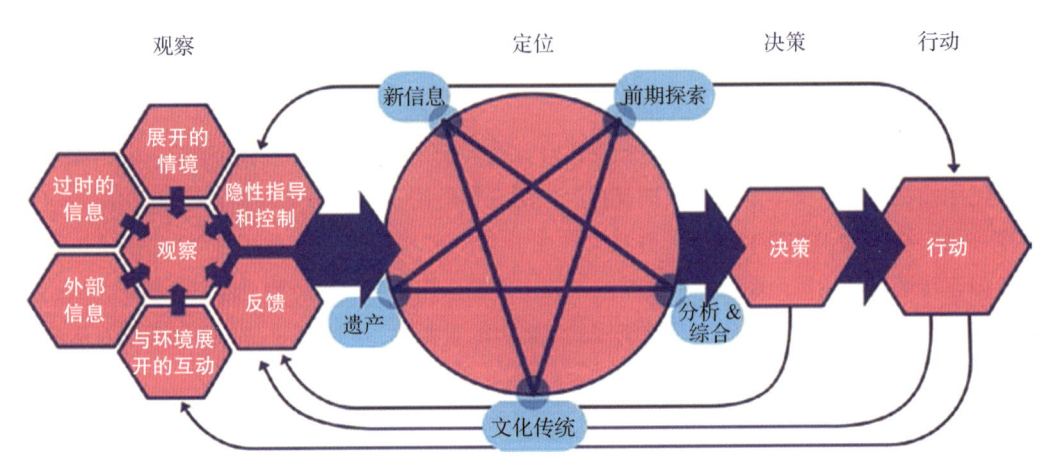

图 4-8　OODA 循环（图片由 C. Hillmann 提供）

例如，如果用户未能利用有用的功能，问题可能是在"观察"阶段误读了所呈现的信息。或者，如果用户倾向于只选择众多可能选项中的一个，问题可能出在"决策"阶段，此时可用的选项呈现得不够清楚。

OODA 循环是一种检测数字产品中问题的概念。它可以用作一个框架，战略性地解决 XR 体验或游戏设计中的用户错误和不太理想的结果。OODA 循环不仅是军事战略和执法中的重要概念，而且也被企业和公共部门采用，尤其是网络安全领域。它是 UX 设计工具箱的一个有用补充，可以分析用户行为并消除不必要的结果以及用户错误。

4.4.2　GDD 与 XR 交互设计

游戏设计的核心是游戏设计文档（GDD）。GDD 实际上是专门的产品设计文档，因为游戏是制作复杂的数字产品，包括其艺术制作流程、创意设计依赖关系以及其技术要求的范围。GDD 在各个方面都很特别；它不仅代表了产品愿景的各个方面和制作细节，而且它还常常反映了其丰富多彩的行业的文化背景和历史。移动和网络应用的产品设计不需要将设计文档作为中心焦点，因为设计和开发在开发人员交接之前和之后是非常明确地分开的。游戏设计并非如此，因为范围和制作依赖关系需要它。

XR 体验通常属于游戏类别，这使得它成为设计流程中的重要部分。即使 XR 体验显然不是游戏或者根本不是游戏，也常常具有类似游戏的特征，这使得 GDD 成为必需品。从这个意义上讲，我们可以称其为 XR 设计文档，即 XRDD，它具有与 GDD 完全相同的特征。但继续使用 GDD 一词可能更容易，因为每个人都明白它是什么。交互式设计、导航组件、故事叙述和背景故事，以及人口统计和营销考虑因素都是 GDD 的一部分，并且通常构成了由开发人员、设计师和利益相关者共享的动态文档的制作支柱。基于实时 GDD 的敏捷游戏设计文档有助于维护最终产品的愿景，提供有关游戏目标和进展以及游戏机制和元素的详细描述（图 4-9）。

图 4-9　GDD（图片由 C. Hillmann 提供）

GDD 包含一个经过数十年成功游戏制作而演变来的既定结构。它在许多领域与 UX 设计师概念化交互式体验的数字产品设计任务重叠。它涵盖了目标人群及其特定偏好的详细信息。它记录了用户流程和故事叙述，并指定了用户交互、信息架构和视觉语言，以及技术要求、资产和项目范围。

GDD 也是游戏文化的体现。许多来自成功游戏的 GDD 是公开的，有抱负的游戏设计师可以研究它。该文档通常反映了最终游戏的精神和愿景、游戏类型和文化，包括呈现风格以及对插图、字体和图像的选择。GDD 不仅仅是一份技术文档，它还是一种激励工具和资源，可以让团队和利益相关者意见保持一致。

GDD 的各个部分通常如下：

1. 包含游戏概念、概念艺术、目标人群、类型和制作范围的执行摘要；
2. 游戏结构：描述游戏目标和进展，包括关卡和功能；
3. 游戏机制：交互概念、游戏机制、用户界面；
4. 背景故事：叙事、故事叙述和角色；
5. 声音、音乐和艺术资产清单；
6. 技术考虑：目标平台、游戏引擎、中间件和制作流程；
7. 营销和资金：预算、货币化、广告和促销。

GDD 通常是游戏制作的核心，其描述性格式是关卡设计师、艺术家和开发人员最重要的信息来源。GDD 中的大部分章节都适用于任何 XR 产品，即使它是一个企业项目或用于促销活动的 XR 产品探索应用程序。

在很多情况下，XR GDD 将被剥离其关于背景故事、角色等的深度游戏考虑，而主要目标保持不变：概述项目的目标、要求和范围。

关于双钻石和 OOUX 映射过程，在我们的示例中称为 Reality UX 过程，在 OOUX XR 映射完成后，XR GDD 会更新产品详细信息，包括资产列表。

此时，产品问题（例如需要为谁设计什么）的范围已经缩小；其心智模型已转化为 OOUX；结果（原型所需的实际对象）已在 XRGDD 的资产列表中定义并记录。下一步是制作原型进行测试和迭代。

GDD 是一份记录双钻石结果的文档，作为一份敏捷文档，它会在新数据（例如测试结果）可用时动态更新。

与传统的计算机游戏 GDD 相比，XR GDD 涵盖了沉浸式媒体独有的许多其他参数，例如舒适度考虑、立体深度一致性以及依赖于空间组件的游戏机制，例如 360 度音频提示。

计算机游戏的 GDD 通常是在一种创新想法、一个类型灵感或一次现有游戏的迭代之后创建的，然后构建结构、背景故事和关卡概念，以概述制作此类项目的所有方面。如果 XR GDD 遵循 UX 双钻石方法，通常用于非游戏类，那么启动 XRGDD 的过程通常会非常不同。双钻石方法用于寻找问题的解决方案。一旦找到正确的解决方案，就会使用 XR GDD 将其翻译成 XR 制作的语言来反映所有必要的组件。双钻石的后半部分反映在 GDD 的动态变化中，因为构建了新的原型并且更新的测试数据导致设计迭代。

4.5　XR 与正念设计

正念设计（Mindful Design）的概念最早出现于 21 世纪最初十年，但直到最近才开始受到重视。这一发展不仅在一定程度上是人们对暗模式/操纵性设计的担忧的反应，也是对社交媒体环境下媒体过度消费、成瘾以及不健康用户行为的普遍不安的结果。

正念设计对于 XR 设计来说可能非常重要，考虑到沉浸式媒体一旦得到更广泛的主流应用，就会出现潜在的问题。

正念设计理念以用户为导向，注重行为变化、负责任的设计决策以及对用户可能遇到的健康和安全问题的认识，这些问题随着时间的推移在 XR 领域将变得更加重要。

一个很好的例子是苹果 iOS 的屏幕时间功能。该应用程序允许用户注意自己的媒体消费习惯，并允许用户使用工具来监控可能不健康的行为。通过启用该功能，用户可以在云连接的 iOS 设备上监控自己的媒体使用情况，并查看按天或周划分的应用程序使用情况的相应数据分析。它允许用户查看自己的媒体行为，如果他们认为消费量过高，就会进行调整并设定限制。

Android 和第三方应用程序也有类似的功能。

另一个正念设计的好例子是尊重用户的隐私，提供共享和数据使用的透明度，以及轻松访问并控制与用户数据有关的设置。

数字健康是长期用户体验的重要组成部分。如果一款产品成功，它通常会被大量使用（即，大量使用是衡量数字产品成功的指标）。然而，过度使用的产品的潜在副作用或负面影响往往很容易被忽视，从商业角度来看可能不会引起人们注意。尽管如此，在使用数字产品时，有足够的理由将用户健康作为长期业务目标的一部分，以避免不健康的行为导致行为迅速改变，包括完全停止使用。手机游戏和社交媒体兴起期间吸取的教训对沉浸式媒体很重要，因为如果不通过正念设计原则进行适当控制，XR 体验可能会对家庭生活造成更大的危害，令人上瘾且具有破坏性（图 4-10）。

图 4-10　正念设计及其背景（图片由 C. Hillmann 提供）

采用正念设计的 UX 设计师通常会在用户交互、新手引导和通知功能方面实施正念设计特性。

正念设计需要关注的典型领域如下：

- 平衡家庭生活与科技；
- 更频繁地拔掉电源插头；
- 家长控制；
- 设置使用限制；
- 允许轻松访问隐私和数据共享选项；
- 关注包容性、多样性和可访问性。

正念设计的另一个领域是超越这些实际实现，将用户行为与更大的环境问题联系起来，例如减少能源消耗、浪费和二氧化碳排放量，或者产品的可回收性。尽管 XR 设备或数字产品并不是造成环境破坏的主要嫌疑对象，但可以在看似合适的体验领域（例如旅游目的地体验或交通、航运和一般能源消耗等相关领域的产品探索体验）中引入环保意识和可持续性措施。

沉浸式媒体通常被视为一种逃避现实的媒介；因此，只要主题允许，通过宣传活动和非营利支持来平衡这种看法是一个好主意。

随着 XR 在社会上的普及，我们将看到更多对心理健康问题的担忧，尤其是对弱势群体。潜在抑郁和焦虑以及上瘾性格的人对沉浸式体验带来的认知负荷特别敏感。游戏成瘾这一研究成果丰富，我们可以从中学到很多东西，游戏成瘾现在已被世界卫生组织认定为一种疾病（归类为"游戏障碍"）。游戏成瘾有据可查，有广泛的学术研究、案例研究和支持组织可供利用。

随着 XR 产品的主流采用不断增长，并且可能出现潜在问题，沉浸式媒体和数字 XR 应用认真对待数字健康是一项良好的面向未来的战略。

4.6 总结

本章探讨了 3D 空间中 UX 设计的演变以及用户交互的痛点。它使用面向对象的方法评估了双钻石 UX 设计流程，并研究了一种称为 Reality UX 的定制设计问题解决概念。本章探讨了将 OODA 循环作为管理项目的方式，以及 GDD 作为游戏设计的基础。最后，探讨了数字健康和正念设计作为 XR 未来的重要主题。

第 5 章

开拓平台和 UX 学习

5.1 引言

本章将介绍 XR 应用的开拓平台、原型设计工具和技术趋势，并评估可以从行业领先格式中借鉴哪些 UX 经验。UX 设计师如何高效地制作 XR 交互原型？有哪些应用程序和工具可以测试想法，以及已经建立了哪些核心概念来改进数字 XR 产品，并将沉浸式概念变为现实？

原型设计是 UX 设计的基础，它在 XR 领域有不同的形式，即原型设计用于构思，以开发创意并将其推销给利益相关者、业务合作伙伴或潜在客户，或进行原型设计、测试和迭代。在 XR 中，这通常是两个独立的过程：低保真构思原型可以从脚本、涂鸦、3D 模型，或使用专用 XR 原型设计应用程序呈现的概念开始，而高保真迭代原型必须是概念的功能性、交互式版本，使用游戏引擎制作并用于用户测试。

对于网络和移动地图来说，低保真原型到高保真原型的过渡是无缝的，但在 XR 中并非如此，至少目前还不是。随着行业日趋成熟，工具集也变得更加容易获取和使用，这两个原型设计阶段之间的差距越来越小。许多原型设计工具正在迅速发展，以实现过程无缝衔接的目标。例如，使用 Microsoft Marquette 的 XR 构思原型可以直接导出到 Unity 游戏引擎，以添加仅在游戏引擎框架内可用的交互性和功能。从这个意义上说，Marquette 及其工具提供了从构思到测试和最终 XR 产品的途径。在其他情况下，构思过程是一个单独的阶段，用低保真概念勾勒出想法，而用于测试的实际高保真迭代原型使用 Unreal 或 Unity 中的 XR 框架从头开始构建，为 XR 交互提供核心功能（图 5-1）。

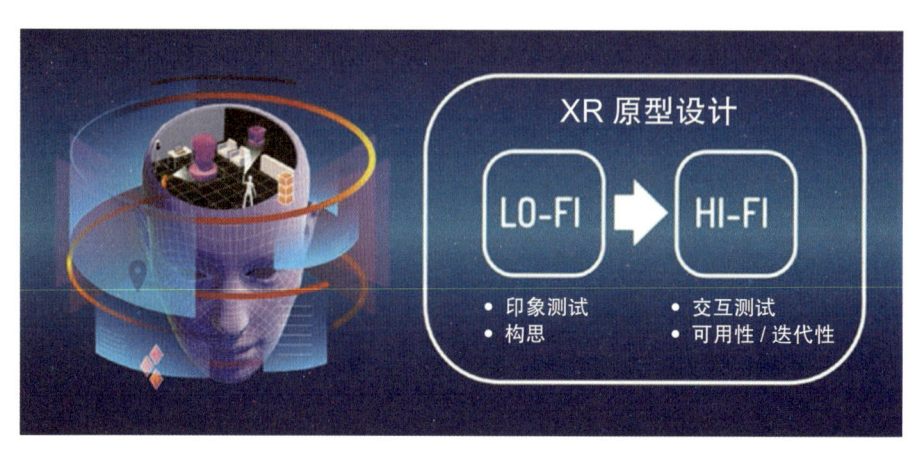

图 5-1　XR 原型设计：低保真（LO-FI）构思与高保真（HI-FI）迭代原型（图片由 C. Hillmann 提供）

作为 UX 设计方法的一部分，原型设计过程对于非游戏类 XR 应用尤其重要，因为用户之前没有接触过 XR，并且特定需求或 KPI 要求进行可用性测试和分析。高度专业化的 XR 应用的成功依赖于用户体验来保证用户接受度。XR 已经在许多关键行业中占据了一席之地。事实上，尽管很多小众 XR 解决方案确实为相关行业提供了可衡量的价值，但它们并未获得很高知名度。成功案例通常在 VR 专业新闻资讯或在诸如"Oculus for Business"等专门的企业平台上传播。例如，上面发布的案例研究展示了使用 Oculus 技术的突破性商业解决方案，以提高这些创新用例的知名度，并证明 XR 的用途远不止游戏和休闲。在 Oculus 的一份商业报告中，最近的一个例子是 Nanome.ai 的解决方案，它通过使用其虚拟现实解决方案为分子建模来帮助 Nimbus Therapeutics（一家专注于选择性小分子治疗的生物技术公司）(图 5-2)。

Nanome 是在狭窄的商业领域中高度专业化的 XR 解决方案的众多成功示例之一，其公众知名度非常低。目标用户是药物化学家、结构生物学家和生物技术工程师，他们可能不熟悉 VR 游戏惯例，并需要特别注意新手引导和舒适度考量。

面向消费者的非游戏类 XR 应用也仍处于小众市场，但正在不断增长，比如使用手持式 AR 的产品试用应用程序将数字产品叠加在环境（家具、艺术品）或用户（时装、配饰、文身）上以评估是否购买。除了 XR 在教育和健身领域的成功，如 VR 健身平台 Holofit 的成功（图5-3），下一代支持VR的电子商务应用[如VResorts Booking（vresorts.io）]在SideQuest平台上仍处于测试的早期阶段。

图5-2　Oculus Quest 2用户使用Nanome进行分子设计（图片由C. Hillmann提供）

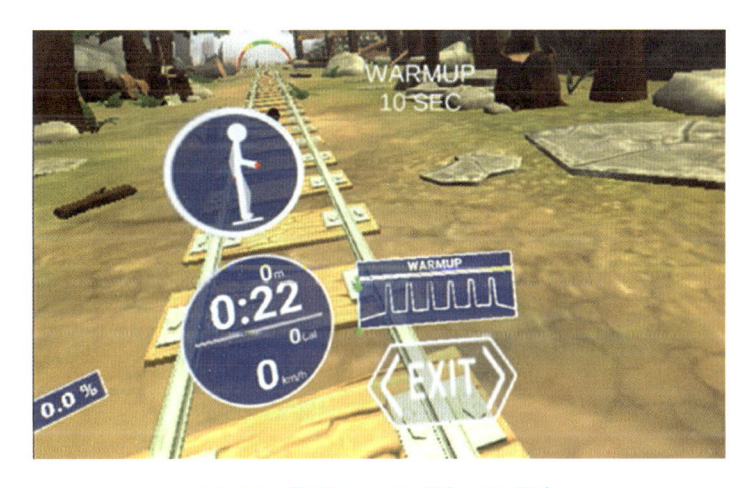

图5-3　使用Holofit进行VR健身

VResorts Booking的理念是，预订过程中的沉浸式展示将增强和刺激用户购买豪华度假套餐的决策过程。顶先体验酒店和目的地的能力似乎是休闲旅游电子商务发展的合乎逻辑的下一步（图5-4）。

图 5-4　使用 VResorts Booking 进行沉浸式度假浏览

为下一代支持 XR 的电子商务应用，以及高度专业化的企业领域的 XR 业务解决方案构建成功的数字产品，需要将原型设计和用户测试作为 UX 设计流程的关键部分。原型设计、测试和迭代设计在 XR 中与在网络和移动应用中一样重要，但原型设计过程通常要复杂得多。

XR 原型设计工具适用于所有 XR 平台，但学习曲线和功能各不相同。UX 设计师的最终目标是在重要的测试阶段，使用完全交互的高保真原型来评估概念。一些原型设计工具主要侧重于构思和勾勒出视觉叙事概念，其他原型设计解决方案工具则提供构建交互性的元素，通常通过可视化脚本功能。让我们来看看开创性的解决方案、平台工具和 UX 学习，重点关注行业领导者及其工具集。

5.2　手持式 AR 的突破

毫无疑问，手持式 AR 行业的领导者之一是 Adobe 公司。该公司已在 iOS 和 Android 平台上为数字业务和设计解决方案构建了一个广泛的生态系统，并通过其创作和发布工具 Adobe Aero 对 AR 的未来做出了坚定的承诺，该工具是该公司 AR 战略和更广泛的 3D 垂直领域的一部分，其中包括 Mixamo 和 Substance Painter 等应用。Adobe Aero 是一种用户友好型 AR 交互设计方法，只要接收者安装了 Aero 应用程序，即可通过链接或二维码轻松共享该平台的作品。除了作为创建 Aero AR 体验的工具的主要用例外，它还可以在使用 Unity 或 Unreal 构建高保真手持式 AR 原型之前，对 AR 对象交互进行原型设计。Adobe Aero 与 Adobe 于 2015 年收购的创新角色动画工具 Mixamo 相集成。Mixamo 被独立游戏开发社区广泛使用，因为它提供了一种简单的方法来自动装配 3D 角色，并为角色设置了各种标准游戏角色动作。Adobe 与行业领先的 3D 游戏资产 PBR 纹理工具 Substance Painter 一起，提供了强大的 3D 内容创作阵容，以支持针对手持式 AR 平台的构思和外观开发。

使用 Aero 进行外观开发和构思原型设计既简单又方便。评估如何在空间叙事背景下将 3D 设计变为现实是该工具的核心优势。Aero 使 UX 设计师能够在使用任何平台、技术或框架之前，尝试想法并通过用户测试获得反馈。通常，这些都专注于单个 AR 对象激活，而不是"产品试用"类型类别中的 AR 库存应用，例如经常引用的 IKEA Place 应用程序。

5.2.1 使用 Adobe Aero 进行空间叙事

Adobe Aero 让设计师能够使用直观的移动应用程序和扩展的桌面版本构建交互式 AR 场景，后者提供了构建对象行为的附加工具。最终输出针对三种 AR 锚点类型：水平表面、垂直表面和图像（图 5-5）。

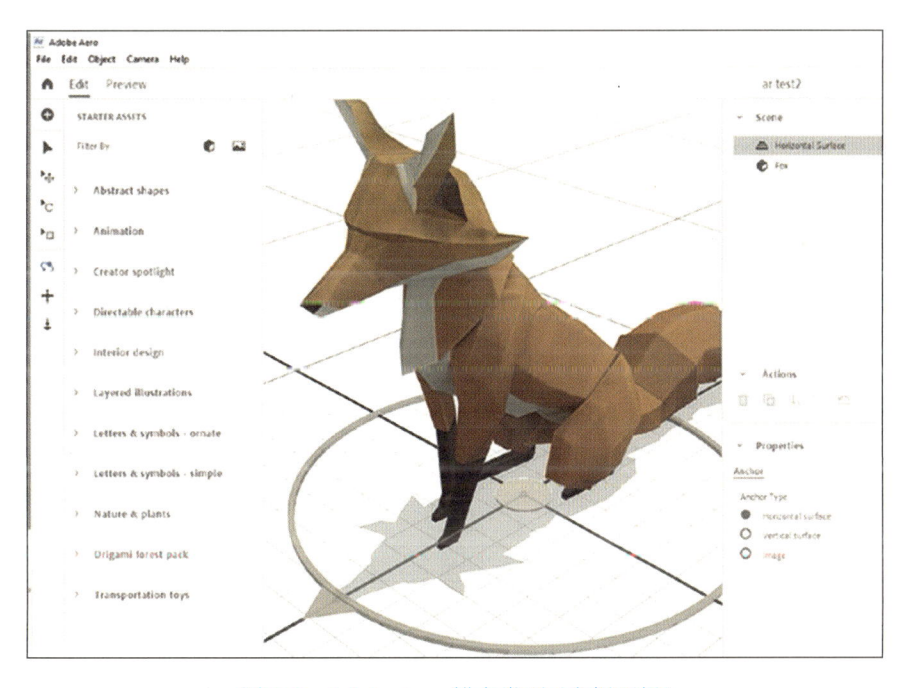

图 5-5　Adobe Aero 锚点类型（右侧面板）

这三种类型反映了共享 AR 场景时最常见的用例，例如，在用户的桌面上播放的 AR 场景；瞄准用户附近墙壁的垂直 AR 场景；预定义的图像，通常是书籍或杂志中的标记、展览的墙壁艺术或壁画。Aero 附带一个现成的资产库，包括一个可定向角色，激活后可以将该角色移向一个标记点（图 5-6）。

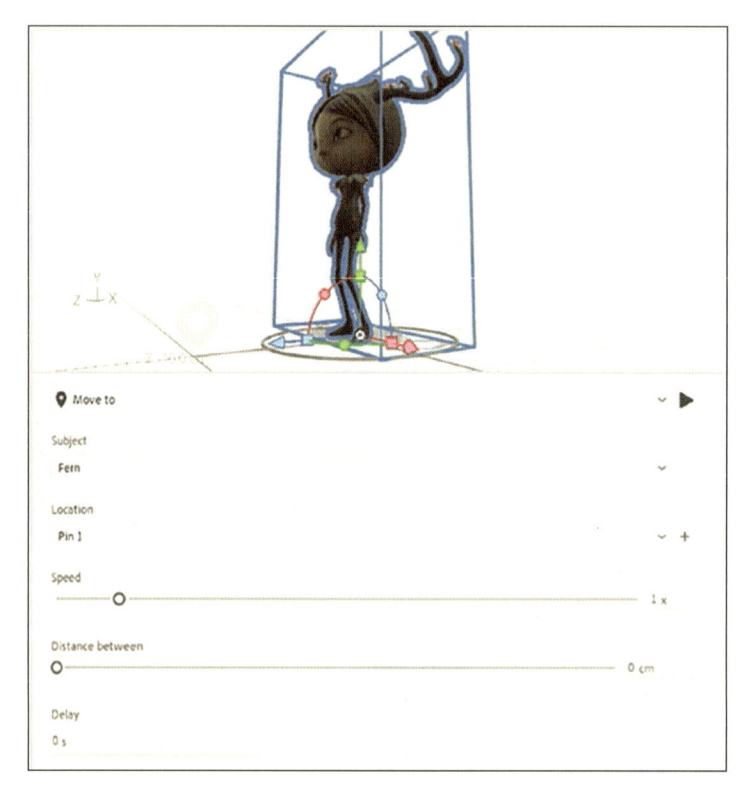

图 5-6　以场景标记点"Pin 1"为目标的"Move to"行为

每个场景项目都可以通过选择开始、点击和接近来获得单独的触发器。然后使用行为构建器设计激活后要按顺序执行的一系列动作。Aero 的功能专注于可共享 AR 场景中的最常见用例。它使设计师能够使用多个行为构建块构建微故事，通常目的是显示公告或 URL，例如，一个角色走到下一个场景、等待选项卡激活。一旦选项卡被激活，就会播放动画和音频消息，角色会显示它们的动画音频消息，最终打开 URL（图 5-7）。

角色交互只是用 Aero 构建 AR 场景的众多可能方式之一。设计师经常使用复杂的动态图形来实现可共享的 AR 对象，Aero 桌面应用使用动画 3D 资产或动态图形使该对象的交互行为变得栩栩如生。

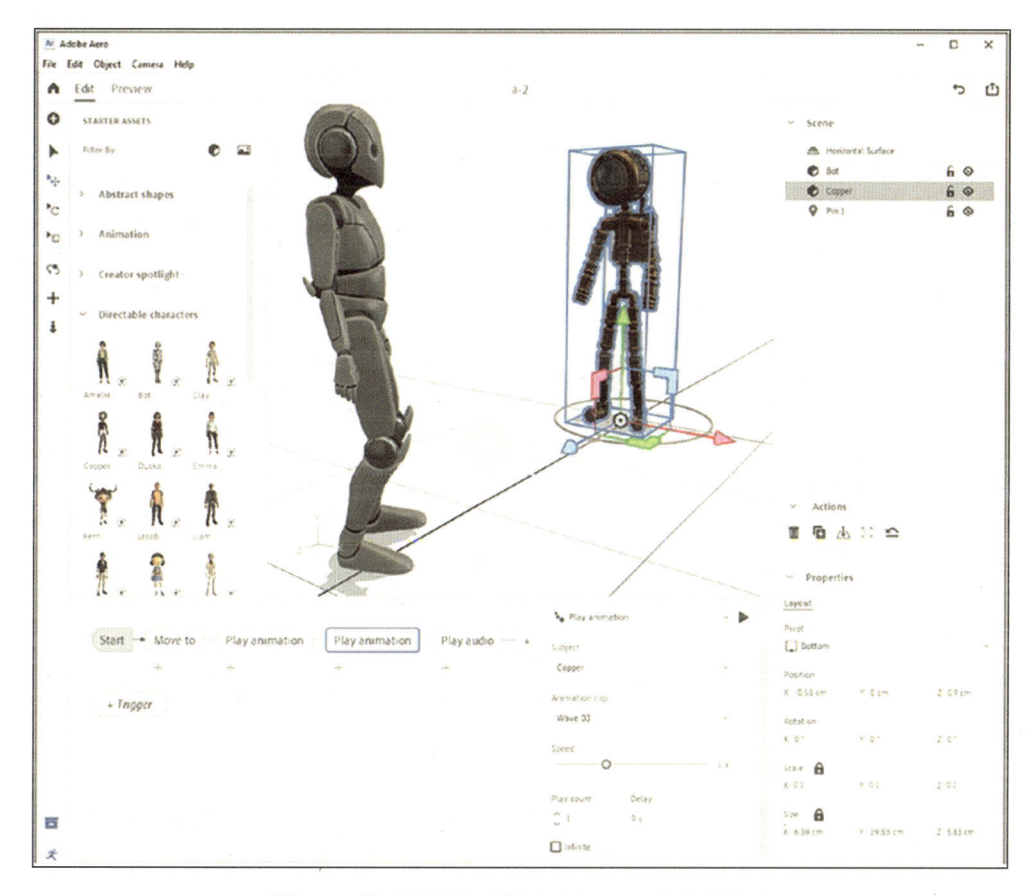

图 5-7 构建微故事：设置两个 Aero 角色的行为

5.2.2　AR 行业的 3D 工具

虽然 Aero 用于构建 AR 场景并设计其行为，但 3D 设计、纹理化和动画通常使用数字内容创建（DCC）工具完成。独立游戏开发者喜欢使用 Blender 3D，而专业运动设计师通常更喜欢 Cinema 4D，因为它具有运动图形功能并且与 Adobe 产品紧密集成。外观开发和纹理化通常使用 Adobe Substance Painter 或 Marmoset Toolbag 完成，尤其是当最终产品严重依赖 PBR 材料时（图 5-8）。

AR 对象最重要的方面之一通常是动画。AR 对象动画通常用于表示某个项目是否正在等待使用空闲动画循环激活，或者通过其运动设计揭示 AR 故事片段。动画在交互设计中起着如此重要的作用，使 AR 魔法栩栩如生，设计师经常使用 Nukeygara Akeytsu 等专业工具来为动画循环设置关键帧，使它们令人信服地相互融合。Akeytsu 的优势在于专注于游戏动画，因为它为 Unreal 和 Unity 游戏引擎提供了骨架预设，并且其工作流程专注于动画循环、易用性和运动设计过程中的效率（图 5-9）。

图 5-8　使用 Marmoset Toolbag 进行外观开发

图 5-9　使用 Akeytsu 进行 XR 角色动画和运动设计

典型的 AR 制作流程如下：在 Blender 中设计 3D 资产，在 Marmoset Toolbag 或 Substance Painter 中开发外观和进行纹理化，在 Akeytsu 中制作 3D 对象动画，然后将其导入 Adobe Aero 以分配行为和动画触发器。接下来可以通过链接或二维码分享最终输出或 AR 对象原型以供用户测试。

Adobe Aero 重点关注手持式 AR 的常见用例，作为行业巨头，Adobe 已经展示了其对 AR 发展的承诺。如果 Aero 平台继续扩大其用户群，它将成为 AR 空间叙事的行业标准之一。大多数创意专业人士已经致力于 Adobe 生态系统，这一事实使这种情况成为可能的结果。

5.2.3 社交媒体 AR

除巨头 Adobe 之外，领先的社交媒体平台也正在开拓手持式 AR 领域。社交媒体消息传递创新者 Snapchat，自成立以来一直是 AR 领域的领导者。其免费创作工具 Lens Studio 提供了一个复杂的开发环境，可提供 Snapchat 赖以成名的丰富 AR 交互。Snapchat 不仅以其功能的视觉质量引领潮流，还凭借全身运动追踪等尖端 AR 功能引领创新。Snapchat 成为视觉故事讲述者首选的原因之一是 Lens Studio 提供的功能丰富的 AR 制作套件，其中包括用于设计复杂行为的可视化脚本编辑器（图 5-10）。

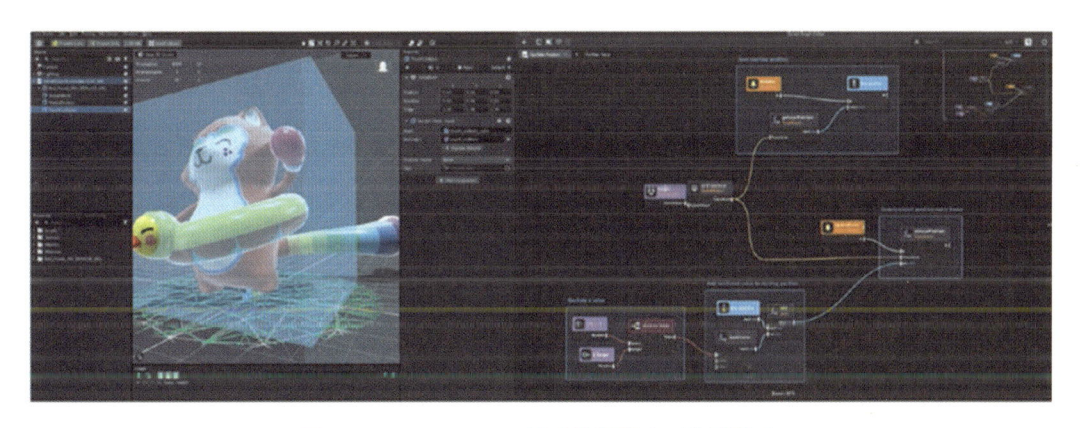

图 5-10　Lens Studio 材质编辑器和可视化脚本

Spark AR Studio 也有类似的概念，旨在为其社交媒体平台提供 AR 叠加。虽然该软件主要与 AR 面部叠加滤镜相关，但它也有一个功能强大的对象编辑器，可以使用 2D 和 3D 贴纸模板将 AR 对象放置在用户的环境中。用于 Oculus Quest 的 Spark AR Player 是测试 Spark AR 对象与环境交互的一个创新选项。该 VR 应用程序可通过 Oculus App Lab 预览频道获得，可在虚拟现实中模拟智能手机用户的环境。通过选择多种移动设备以及环境和照明设置，可以在

VR 查看器中体验导入的 Spark AR 项目以进行测试。台式计算机上的 Spark AR Studio 与 VR 中的 Spark AR Player 之间的连接是无线且即时的，可以快速评估创意和外观开发迭代。作为 XR 外观开发的省时捷径，我们很可能会在 AR 和 VR 应用之间看到更多此类协同作用和生产力工具（图 5-11）。

图 5-11　将 Spark AR Studio 项目（左）直接发送到 Oculus Quest（右）进行测试

5.2.4　手持式 AR 市场前景

除 Adobe 和社交媒体巨头外，我们还拥有来自 Blippar 和 Zappar 等应用程序的不断变化的 AR 解决方案前景，它们允许品牌使用方便的创作工具构建 AR 营销体验。这些工具通常专注于图像标记和二维码激活的手持式 AR 体验，并且需要创作者订阅。

EyeJack 是一款高度集中的手持式 AR 应用程序，旨在策划和分发 AR 艺术作品，已成为活动的热门用例。基于订阅的 EyeJack 创作者应用程序使它轻松将设计层添加到图像标记以触发动画效果。这是一种叠加静态墙壁艺术作品的动画版本的有效方法，也是一种为展览或活动添加数字故事层的工具。

Unreal 和 Unity 引擎均支持苹果的 ARKit 和谷歌的 ARCore。Unity 通过其 AR 基础 API 和专用于环境传感器数据的解决方案 Unity MARS（一种基于订阅的 AR 开发工具集）来实现这一点。除此之外，Unity 资源商店还为 AR 提供了许多第三方解决方案，最著名的是 AR 平台 Vuforia。Vuforia 是一种广泛使用的 AR 引擎，与 Unity 集成。它是基于订阅的，但可以免费用作带水印的演示，并允许设计人员快速为基于图像标记的 AR 应用程序制作原型概念，并具有可访问且易于使用的功能（图 5-12）。

图 5-12　Unity 资源商店中的 Vuforia

另一方面，Unreal 引擎的优势在于其统一的 AR 工具套件，采用与平台无关的方法来实现最常见的 AR 功能，并由强大的 Blueprints 可视化脚本系统支持，使设计人员无须编程即可快速制作原型。与 Unity 类似，Unreal 市场上有许多特殊的 AR 框架和工具集可用于启动设计流程（图 5-13）。

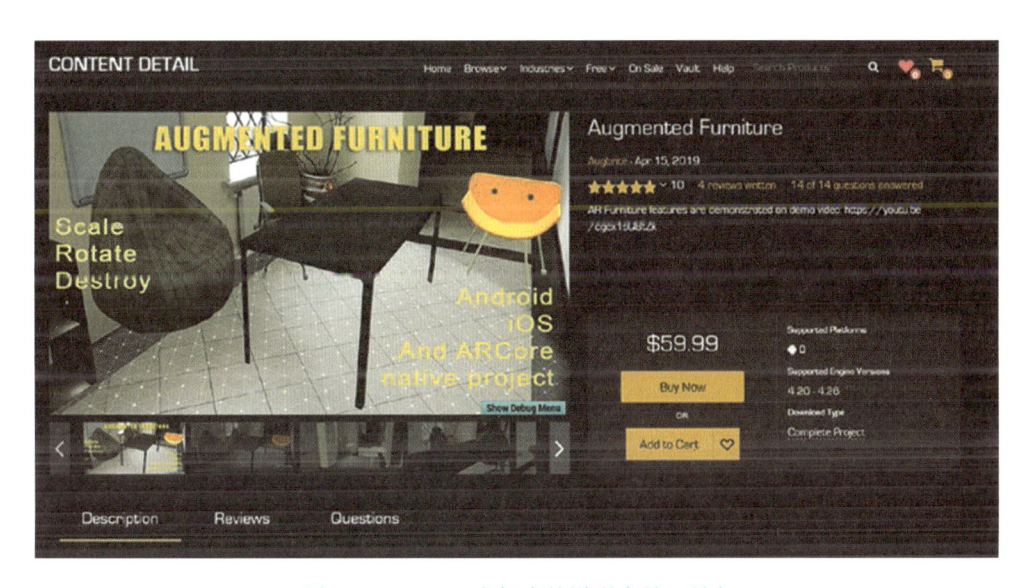

图 5-13　Unreal 市场中的增强家具工具包

设计手持式 AR 交互变得更加用户友好，例如，苹果的 AR 创作工具 Reality Composer 被纳入 Xcode 工具包。可视化 3D 环境为设计师提供了在场景中定位虚拟对象，以及添加动画、触发声音和由物理模拟驱动的行为的选项。可以在 Apple Quick Look 体验中将作品导出为轻量级 .reality 或 .usdz 文件，以进行印象测试。

更复杂的手持式 AR，通常需要应用程序或社交媒体平台来查看共享 AR 对象，并体验其交互行为，但 WebAR 是个显著的例外。大多数现代浏览器都支持 WebAR，因此使其成为最易访问的平台，因为系统预装了 Web 浏览器。WebAR 发展迅速，Blippar.com、Zappar.com 和 8thwall.com 等公司也纷纷加入，为开发人员和设计人员提供工具包，以构建下一代支持 WebAR 的应用程序。

5.2.5 手持式 AR 用户体验

有哪些 AR 交互功能值得关注？在原型设计中需要考虑手持式 AR（HAR）的哪些机会？首先，手持式 AR 体验以设备的摄像头和叠加的虚拟对象为中心，需要一些基本规则和考虑才能获得良好的用户体验（图 5-14）。

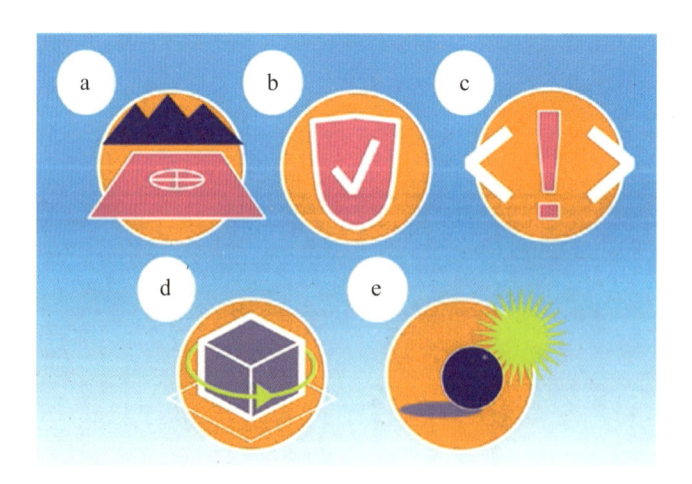

图 5-14 手持式 AR 的基本概念：（a）环境背景；（b）舒适性和安全性；（c）屏幕外提示；（d）对象交互；（e）场景光和材质（图片由 C. Hillmann 提供）

a）环境背景：用户的环境是体验的核心。传达环境要求并尽可能为不同类型的环境设置提供功能选项非常重要。

b）舒适性和安全性：重要的是要通过新手引导、培训和安全指导来引导用户，包括提示沉浸式用户他们的物理环境，例如用户在做快速动作时。

手持式 AR 的舒适度同样重要。手持移动设备只能在有限的时间内保持一定位置或特定角度，才会令人感觉舒适。无须手持式 AR 交互即可让用户参与扩展内容的选项为体验带来了多样性。例如，虚拟物品可以在空间 AR 环境中拾取，但之后无须 AR 即可进行探索。

c）屏幕外提示：左右箭头可帮助用户发现当前屏幕外的内容。

d）对象交互：使用具有熟悉的手势、3D 提示和视觉指示器的直接控件获得更多信息使交互变得直观。简单地，例如，使用整个显示屏并尽量少用文本，但包括交互事件的振动触觉和音频效果，可以增强体验。

e）场景光和材质：考虑 AR 对象的光照、阴影和反射表面是传达对象属性和用户环境中的相对位置的重要部分。AR 对象阴影可以提示表面距离以及虚拟物品是接地、附着还是漂浮的。

大多数手持式 AR 开发工具支持可穿戴 AR 作为可选的目标平台。这一选项带来了针对不同设备类别的响应性问题。手持式 AR 设备通常放置在肩部以下的高度，而 AR 眼镜则显示在视线高度。因此，内容可能需要针对观看距离进行调整，并利用 AR 头戴式设备的立体深度感应功能。

5.3　VR：Oculus 生态系统

Oculus 目前在消费级 VR 市场占据主导地位，在撰写本书时，Oculus Quest 2 是 Steam 上最常用的头戴式设备。除了专注于消费者和游戏之外，该平台还构建了一个令人印象深刻的创意、生产力和开发工具生态系统，可以帮助 UX 设计师进行构思、原型设计、测试和团队沟通。

5.3.1　构思、灰盒和早期原型设计

VR UX 设计流程中的一个重要部分是在 VR 中构思。VR 概念在纸面上看起来不错，但只有沉浸在虚拟世界中体验时，才能真正揭示 3D 概念对体验的更大理念的贡献。在 VR 中勾勒出 3D 概念，阻挡其基本组件和深度层，有助于在早期阶段传达设计愿景。多年来，支持 Oculus 头戴式设备的创意工具阵容不断壮大。大多数工具允许创建几何图形和表面着色，而一些应用程序支持雕刻，另一些则带有资产库。在 Oculus Quest 上的原生应用程序和需要 PC 的应用程序之间，可以通过 Oculus Link 链接访问，Gravity Sketch 作为专业的产品设计工具脱颖而出，具有创建复杂自然形状（包括细分表面）的功能（图 5-15）。

图 5-15　使用 Oculus Quest 通过 Gravity Sketch 进行灰盒化

灰盒测试是一种常见的游戏关卡设计技术，即在过多地涉及表面细节和精致的环境资产之前，先用无纹理的几何图形勾勒出想法。这是一种测试如何使用 3D 空间来获得体验、将哪些物品放在前面、将使用哪个背景以及布局如何影响可玩性的方法。这也是一种进行印象测试的方法，通过向用户和利益相关者展示想法来获得对想法的早期反馈。

创意应用程序 Google Tilt Brush 和 Adobe Medium 专注于沉浸式艺术创作，也可用于勾勒 VR 体验。另一方面，Oculus Quill 专注于通过动画和摄像机位置讲述故事。它是一种有效的解决方案，可以使用动画和音频概念化 VR 叙事，以进行印象测试。

除了一般的建模和创意工具外，还有一个专用的原型设计，诸如 Tvori 之类的工具（可通过 Oculus Link 以 PC 版本使用，或以独立的原生 Quest 版本使用，目前处于 Beta 阶段）在处理 UI 元素设计时具有明显的优势（图 5-16）。

Tvori 提供了许多资产包，可帮助完成 XR 的典型 UX/UI 工作。曲面菜单屏幕、UI 对象和 2D UI 图标库，为使用预制内容包的 VR 快速原型设计提供了解决方案。专业版和企业版可以导出到独立版本或 Oculus 查看器应用程序。Tvori 是众多专注于原型设计和设计协作的应用程序之一。与 Microsoft Marquette 等其他 XR 原型设计解决方案一样，它尚未提供在应用程序内构建交互逻辑的工具；相反，它旨在第一个原型设计阶段进行可视化、构思、外观开发和印象测试。

图 5-16　使用 Tvori UI 资源库和 Oculus Quest 进行原型设计

5.3.2　框架和工具

构建包含交互逻辑的原型需要基于 Unity 或 Unreal 游戏引擎的框架。这些框架不是从头开始构建标准交互模块和运动选项，而是将必要的交互元素作为预构建组件提供，可以使用可视化脚本工具（例如 Unreal 的 Blueprints 或 Unity 的 Bolt）进行自定义或扩展。一个复杂的 VR 框架示例是 Humancodeable.org 为 Unreal 引擎提供的高级 VR 框架。该框架提供了模块化和可扩展的概念，面向 VR 演示、架构可视化、培训、产品演示和游戏。该解决方案是一个可配置的基于组件的系统，适用于 PC 和独立式 VR 设备，涵盖对象交互、导航、动态用户界面和多人游戏选项，为快速原型设计和测试提供了必要的构建块（图 5-17）。

Unity 提供了一个带有引擎的 XR 交互工具包，可提供用于对象交互、UI 交互和运动的基本统一 AR/VR 交互组件。虽然这些构建块提供了一个很好的起点，但也有具有更多种类的交互类型的商业选项，可以替代以前流行的开源 VRTK 和用于手部交互的专用工具包，例如 LayerCakeDesign 的手部追踪交互构建器。Bearded Ninja Games 的 VR 交互框架是针对 VR 头戴式设备的 Unity 引擎最完整的 VR 框架之一。它提供了广泛的特定交互组件，包括曲面 UI 集成、攀爬和 3D 标记以及其他专用组件（图 5-18）。

图 5-17　Human Codeable 在 UE4 开发的高级 VR 框架中为抓取对象提供的框架功能 Tiny Display（Humancodeable.org）

图 5-18　Bearded Ninja Games 为 Unity 开发的 VR 交互框架中的 UI 示例

尽管学习难度高，但熟悉至少一个领先的框架通常是一个好主意，这样才能快速测试交互，并勾勒出完全交互的想法。通常框架是一个起点，而引擎的可视化脚本环境提供了工具，可以用自定义构建功能扩展所提供的元素。

测试交互式 VR 概念非常简单。Oculus 提供了一个名为 Oculus Developer Hub 的便捷配套工具。其中一个功能是可以在链接的 PC 上捕获屏幕录制，这种设置有助于在原型设计和迭代过程中测试用户体验。通过方便地监控和测试用户体验，UX 设计师可以对测试参与者进行定性调查，以获得见解和用户反馈。

获得原型反馈的另一种方法是在 SideQuest、Steam 或 Oculus App Lab 上发布早期访问版本。这些平台是 Oculus 官方商店的替代品，对开发者有非常高的入门要求。一个例子是 Triangle Factory 的 Hyper Dash 多人 VR 射击游戏，它是在从 SideQuest 平台的社区收到反馈后开发的，然后才在 Oculus 商店正式发布。对于较小的项目，例如针对活动的产品探索，另一种替代方案是先开发 WebVR 版本，然后通过分发 WebVR 链接来获得反馈。非营利性开源组织 Mozilla 发布了适用于 Unity 的 WebXR Exporter 软件包，简化了将 VR 概念部署到支持 WebVR 的浏览器的过程，允许在与设备无关的平台上迭代创意。大多数现代浏览器都支持 WebVR，当然包括集成的 Oculus 浏览器。

Oculus 生态系统的一部分是许多协作和会议平台，这些平台在疫情期间变得至关重要，并且对于拥有来自不同国家的团队成员的国际项目来说越来越受欢迎。私人 VR 团队聚会平台，如 Bigscreen、Altspace 和 Mozilla Hubs，更偏向于休闲的一面，向更面向企业的解决方案，如 Arthur.digital 和 Spatial.io，提供了额外的生产力工具，如白板和资产导入。VR 团队聚会将继续成为未来设计协作中不可或缺的一部分。VR 聚会可以提供一种 Zoom 会议的替代方案，例如，在查看开发阶段的设计评审中，将 3D 对象带入会议（图 5-19）。

图 5-19　使用 Spatial.io 在虚拟团队会议中创建便利贴

5.4　Microsoft HoloLens：娱乐、信息、协助和启发

增强现实可穿戴设备目前专注于企业市场。先驱头戴式设备开发商 Magic Leap 最初瞄准的是消费市场，但由于商业环境改善，该公司已转向企业市场。重新关注企业 XR 是必要的，因为该技术仍然过于昂贵，无法在工业用途之外获得有意义的消费者吸引力，包括工程、仓储和企业通信。

自 2016 年发布首款 HoloLens 开发版以来，微软一直瞄准企业市场。当 HoloLens 2 于 2019 年 2 月发布时，它已经拥有了令人印象深刻的企业合作伙伴（图 5-20）。HoloLens 2 在许多与 UX 相关的领域都取得了重大突破，最显著的是显示、舒适度和交互质量。

图 5-20　AR 头戴式设备 UI 交互（图片由 C. Hillmann 提供）

微软显然正凭借其开发者社区、混合现实生态系统和路线图引领 AR 领域，包括 Azure 空间锚点（作为 AR 云中的持久数字对象）和名为 Microsoft Mesh 的多用户混合现实平台。混合现实工具包（MRTK）等复杂工具包，反映了开发和设计环境的经验和成熟度。

这项技术已经到了即将进入消费市场的阶段。这只是时间和价格的问题。因此，游戏开发者、媒体平台和消费品牌正在试验他们的工具，以便在这种转变发生时做好准备。

5.4.1　愿景：借助 Azure 空间锚点和 Microsoft Mesh 实现混合现实镜像世界

2017 年，当微软收购陷入困境的社交 VR 先驱 AltspaceVR 时，几乎没有人会想到，此次收购将在微软的多用户 VR 云的愿景中发挥关键作用。2021 年 3 月在 Altspace 举行的 VR 主

题演讲中，HoloLens 首席开发人员 Alex Kipman 展示了社交 VR 及其基础设施的愿景。微软一直在使用 Mesh 重建 Altspace，并打算利用其关键功能（例如隐私、安全以及与数据、AI 和混合现实服务的集成）为其客户提供企业部分。

AltspaceVR 的升级也将使一直使用 Altspace 作为 VR 聚会和活动空间的消费者和专业人士受益。AltspaceVR 有望成为 Microsoft Mesh 及其功能的主要展示之一。自 2013 年成立以来，AltspaceVR 赢得了社交 VR 圣地的声誉，通过娱乐活动为用户带来了巨大的价值，例如单口喜剧之夜、现场音乐、舞会以及专业研讨会和讨论小组。该平台因其 2020 年标志性的 Burning Man 的虚拟版本而备受尊重，当时内华达州的实体活动因疫情而不得不取消。

微软的 XR 生态系统（品牌为 Mixed Reality）同时支持 VR 和 AR，但 HoloLens 作为一款突破性产品脱颖而出，在质量、功能和工具方面引领行业发展。骨干是微软的云服务 Azure，它为 AR 的持久数字对象提供了基础设施：一个将字节锁定到原子、将数字数据锁定到物理空间的镜像世界，从而为构建具有空间锚点的多用户数字世界提供了环境。镜像世界的好处是拥有一个数字孪生，即物理位置的虚拟表示，提供与互联系统、物联网（IoT）和地理信息系统（GIS）提供的空间位置数据的数据接口。这是面向未来的 XR 发展愿景，适用于广泛的行业、政府服务和消费者应用。如前所述，微软并不是唯一一家；苹果、谷歌和 Facebook 等公司也在追求这种通常被称为镜像世界的空间计算基础设施（图 5-21）。

图 5-21 元宇宙的设计思维，也称为镜像世界或现实世界的数字孪生（图片由 C. Hillmann 提供）

5.4.2 使用 Marquette 进行原型设计

微软的混合现实原型设计工具 Marquette 已通过 Steam 版本向 Oculus Link PC 用户提供。它是一款针对构思和混合现实模型的功能丰富且免费的 XR 应用程序，包括使用专用插件将 Marquette 概念导出到 Unity 的功能。此工作流程允许 UX 设计师勾勒出界面和屏幕组件的模型并将其导出到 Unity，其中实际的交互逻辑可以应用到 Unity 的可视化脚本工具 Bolt 等中。Marquette 可以使用导入的几何图形，并具有各种 UI 对象、文本和线条工具来设计视觉交互概念和 XR 场景布局。它是早期阶段交流想法的绝佳起点，以便通过印象测试获得利益相关者或用户的反馈。使用沉浸式模型向客户推销 XR 解决方案也是一个非常全面的起点（图 5-22）。

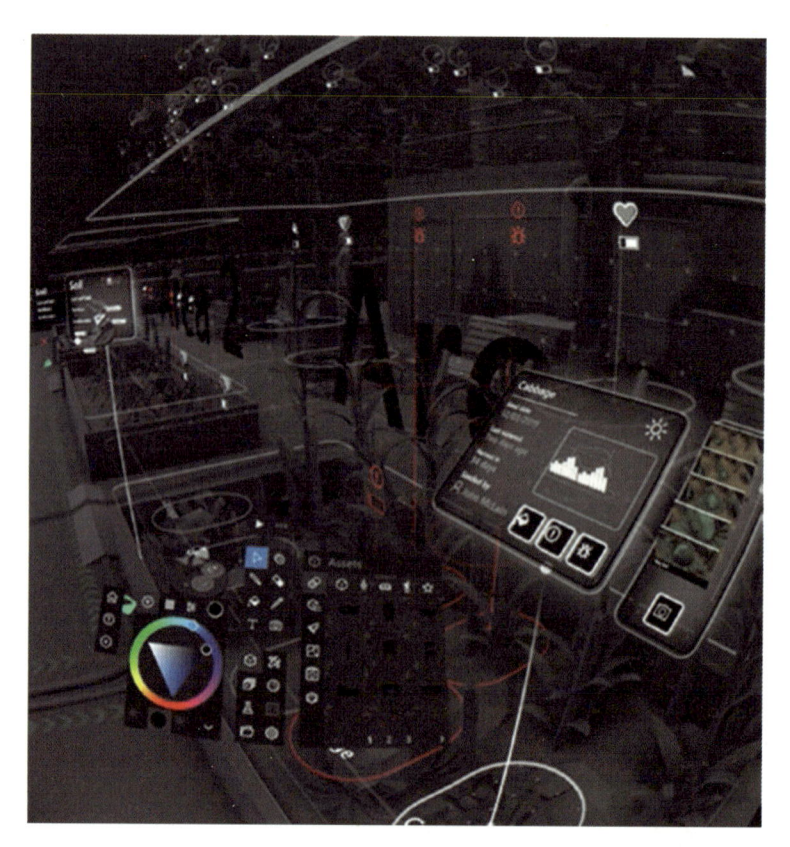

图 5-22　使用 Microsoft Marquette 进行 XR 构思和模型

典型的 Marquette 工作流程是通过导入代表性的 3D 房间模型作为背景，在 VR 环境中测试 AR 概念。主要想法是"在上下文中设计"，并从沉浸式用户的角度测试 3D 元素。沉浸式设计可以直接概念化 XR 场景。它允许在 VR 中测试 UI 元素的 3D 偏移，并允许进行对象视差测试和UI排版评估,从而像用户一样身临其境地感受。使用Marquette或任何其他原型设计工具（如Tvori）在VR中进行原型设计的替代方法是在具有基本VR支持的3D软件（如Blender）中设计完整的3D模型（图5-23）。

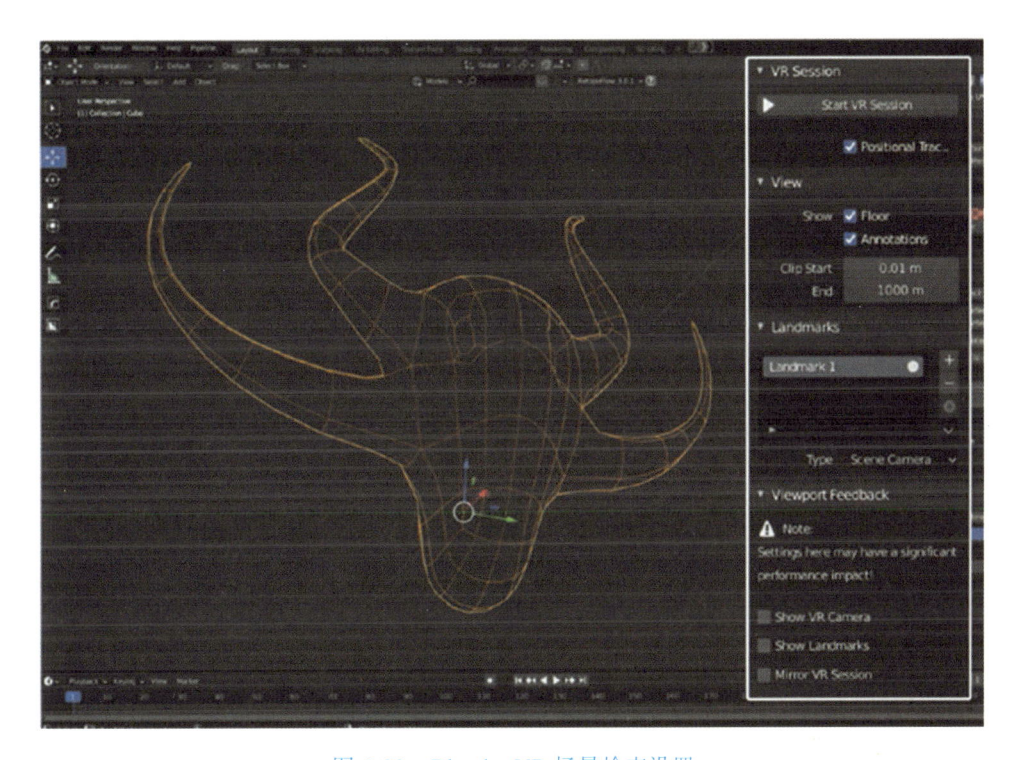

图5-23　Blender VR场景检查设置

Blender插件支持的VR场景检查很基础,但通常足以评估VR中的视觉概念,但要整合交互和运动,则需要将场景导出到Unity或Unreal。

5.4.3　混合现实工具包

Microsoft的混合现实工具包（MRTK）是一个用于UI和空间交互的跨平台输入系统。该框架通过广泛的交互模块库实现了快速原型设计。虽然它最常用于HoloLens 2项目,但它也支持OpenXR、Windows Mixed Reality和Oculus头戴式设备等。

MRTK支持VR控制器,但最适合用于直接手部交互,这展示了其独特的优势。其交互模块代表了先进、强大、面向未来的AR工具包,支持Unity（用于Unity的MRTK）和Unreal引擎（UXT、MRTK-Unreal和UX工具）。韩国MRTK推广者Dong Yoon Park多年来一直在分享他的开发者见解，包括空间计算排版等专业领域，以及介绍 MRTK UX 构建块的典型用例。

MRTK 的远距离对象交互与 Oculus 手部交互概念有些相似，具有可见的选择射线和空中标签激活，以及独特的 MRTK 手势，例如手掌向上以启动新内容。大多数基本交互在所有 XR 平台中都是一致的，除非它涉及特定的 HoloLens 功能，例如 HoloLens 的手势或眼球追踪触摸事件和语音命令。MRTK 的亮点是其经过深思熟虑、可自定义的交互和 UI 模块。除了抓取、旋转和缩放对象等基本交互之外，它还为典型的 UX/UI 问题提供了一系列值得注意的模块（图 5-24）。

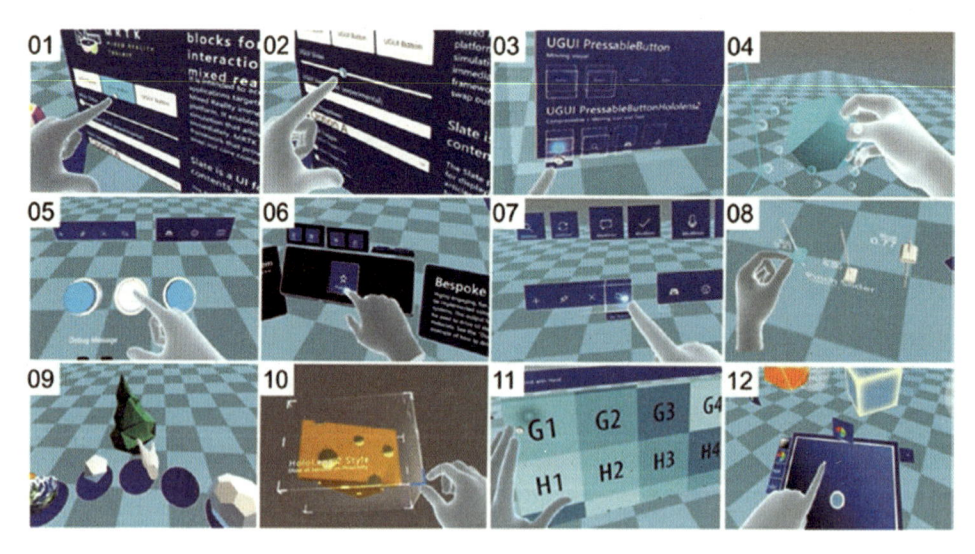

图 5-24　MRTK 交互示例：（01）UI 按钮交互；（02）UI 滑块；（03）立体 UI 按钮；（04）捕捉；（05）3D 按钮；（06）弹性交互；（07）单个立体 UI 按钮；（08）3D 捏合滑块；（09）对接；（10）边界框操作；（11）平移和缩放手势；（12）对象颜色操纵器

UI 按钮交互（01）：按钮的行为方式与移动和网络 UI 的触摸交互类似。悬停时，按钮会突出显示。手指触摸或重叠时，按钮会改变颜色并激活。

UI 滑块（02）：滑块的行为与用户期望的触摸界面相同。悬停时，按钮会突出显示。手指触摸或重叠时，滑块会改变颜色并可拖动到所需位置。

立体 UI 按钮（03）：作为 2D 菜单一部分的按钮，近似于 3D 形式或永久可见的 3D 形状。MRTK 提供了各种各样的选项，包括让按钮的文本和图标随机制一起向下推，或者让它在 UI

上处于固定位置。该按钮在悬停、按下和激活时提供视觉颜色变化反馈。

捕捉（04）：间隔捕捉，将 3D 对象捕捉到空间位置。通常用于在移动 UI 元素和交互组件时引导用户进入预定义的界面位置。

3D 按钮（05）：当按钮被手指通过重叠事件按下并触发时，3D 按钮的外观和行为与真实按钮一样，另外还添加了事件颜色变化。

弹性交互（06）：通过添加基于弹性模拟的弹簧系统，MRTK 可以实现引人入胜且有趣的 UI 事件，以弹跳动画打开 UI 面板。添加这些基于物理的模拟为用户的 UI 交互带来了令人愉悦的趣味性。

单个立体 UI 按钮（07）：除了 UI 面板按钮之外，这些按钮都是独立的或排成一排的。通常，3D 线框扩展在接近时可见，并在手指触摸/重叠时激活，并通过颜色变化提供视觉反馈。

3D 捏合滑块（08）：与现实世界中的滑块一样，这些滑块可以拖动到位。手指捏合手势充当触发器，仅次于触摸/重叠，以模拟真实滑块的触觉。

对接（09）：可移动的 3D 交互和 UI 对象通常有一个主位置。对接功能指示对象的默认空间，在此可以拾取和放回对象。通常，对接会在返回到原始位置时重置其缩放、旋转和比例值，从而覆盖用户生成的操作值。

边界框操作（10）：按照 3D 桌面应用程序和游戏的惯例，边界框操作手柄允许用户缩放和旋转对象，具体取决于边界框线框的哪一部分被激活。选项包括始终让边界框可见或在接近时激活它。

平移和缩放手势（11）：与移动设备上的触摸交互类似，平移缩放功能允许用户通过在触摸/重叠时用交互手推动来移动 UI 表面。如果已启用，在屏幕上将双手并拢或分开，用户可以放大或缩小 UI 内容。

对象颜色操纵器（12）：颜色自定义是创意 XR 应用中很受欢迎的一个功能。对象颜色操纵器通过弹出式自定义面板启用此功能，只需将手指滑动到所需的值坐标即可调整颜色值设置，这是移动设备上触摸交互的典型做法。

典型 MRTK 交互的示例展示了直接手动操作的坚实基础，解决了 XR 应用程序最常见的 UI 和对象交互类型。构建块和元素的范围从传统概念到有趣且直观的概念，这些概念不需要教程或解释，因为这些想法基于用户已经理解的熟悉概念。这些熟悉的概念如下：

- 2D 网络和移动应用触摸交互：对于 XR 手部交互，触摸被重叠取代，而基本机制保持不变。
- 桌面应用程序和游戏中使用的 3D 对象交互：使用边界框对象操作进行移动、旋转和缩放，这在 3D 应用程序和游戏中很常见，并且工作方式相同，通过在 XR 中用手指捏合代替鼠标指针或触摸动作。
- 真实世界的物理交互：对象的行为与真实世界的对应物相同。根据对象的物理属性，按下按钮、移动滑块、抓取、推动和抛出对象。真实世界的触觉阻力被重叠事件和手势所取代，通常由声音事件支持以提供反馈。

UX 设计的要点是，大多数 MRTK 交互都针对用户直观理解的领域，因为它们基于熟悉的概念和心理模型。

出于同样的原因，VR 应用程序通常使用游戏内的平板电脑作为便携式菜单：用户熟悉移动设备，并且使用熟悉的设备作为 VR 中的中央菜单感到舒适。

MRTK 进一步完善了熟悉的概念并结合 3D 机制增强了 UI，为交互增添清晰度、视觉反馈和趣味性。可按压的 3D 线框按钮是 2D UI 菜单的延伸，其按下机制遵循预期的机械行为，而立体视觉颜色变化反馈使其使用起来更令人满意。具有弹簧驱动物理行为的弹性 UI 面板，在以类似方式扩展菜单面板时增加了一定程度的趣味性。有趣的界面可以让用户保持参与。

如前所述，MRTK 不仅支持直观、直接的手部交互，而且还支持 XR 控制器，具有典型的控制器按钮激活的直接交互和选择射线远距离交互，并通过拉动对象和操纵 3D 内容时的直观行为得到增强。

MRTK 的优势在于其拥有大量的模块和调整模块行为的选项，以及 Unity 和 Unreal 引擎支持的跨平台可用性，此外还有活跃的开发者社区和大量的学习资源。

5.4.4　使用桌面 UX/UI 工具对 XR UI 进行原型设计

通过仅关注应用程序的 UI 部分来对 XR 中的菜单交互进行原型设计，可以确保应用程序的视觉设计系统（包括排版、颜色、图标和关键视觉效果）在 VR 或 AR 设备上按预期运行。

如果 UI 设计非常敏感并且是更大品牌架构的一部分，其中设计系统元素必须在各种媒体渠道上保持一致，则通常需要验证排版、调色板、图像和其他 UI 设计元素（包括图像）是否可以很好地转移到 XR 中。

可能出现的典型问题包括：文本难以阅读、字体闪烁以及由于视角和观看距离或设备限制而难以看到或理解的 UI 项目。浅色字体在曲面屏幕上的可读性可能会受到影响，小按钮或 UI 元素可能会使激活变得不必要地困难。使用桌面工具设计 UI 时，XR 中的快速菜单检查可以立即发现问题并消除猜测。

UX/UI 应用程序 Sketch、Figma 和 Adobe XD 等插件生态系统不断推出新的解决方案，其中一些解决方案只能存活很短时间，例如支持活动 Figma 链接的 Torch AR。目前，一个名为 DraftXR 的插件使 Adobe XR 用户能够通过将 UI 原型导出到支持兼容 VR 的浏览器，在 VR 中快速预览该原型（图 5-25）。

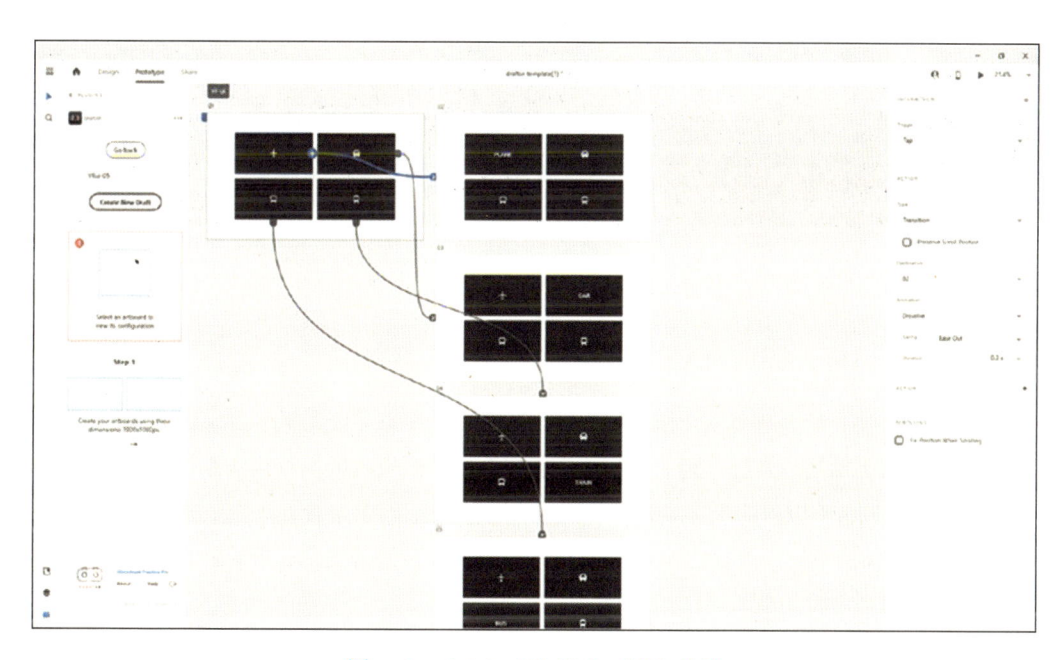

图 5-25　Adobe XD 的 DraftXR 插件

DraftXR 是一种快速简便的界面原型预览方法，在使用游戏引擎构建最终版本之前，先在头戴式设备上进行预览。它提供了快速的 XR UI 预览，尽管效果有限，但可以评估字体、颜色和 UI 元素。另一种选择是将设计元素和 Photoshop 图层直接带入游戏引擎进行测试。许多游戏引擎插件都有助于此过程。例如，Unreal 引擎插件 PSD2UMG 将 PSD 文件转换为 Unreal 引擎 UI 小部件格式 UMG（图 5-26）。

类似地，Unity 插件 Psd 2 uGUI Pro 和 Psd Import 允许开发人员快速导入桌面 UI 概念，并使用 Unity 通过 VR 测试场景对其进行测试。

图 5-26　Unreal 市场中的 PSD2UMG 插件

5.4.5　VR、AR、MR：原型设计的演变

在过去十年中，用于创意 XR 原型设计的工具和插件生态系统得到了显著改善。游戏引擎和 XR 框架变得更加用户友好，拥有更好的学习资源和不断发展的插件生态系统，可提供专业解决方案。VR 和 AR 应用的未来是这些技术在共享 MR 空间中融合在一起，需要在交互标准和 UI 约定方面保持一致。微软的 MRTK 是交互概念可以跨设备类别扩展，并在多用户 MR 环境中在 VR 和 AR 之间共享的预览。

5.5　VR 游览：360 视频、VR180 和沉浸式照片游览

沉浸式媒体中经常被忽视的一个领域是 360/180VR 视频和照片游览（VR 游览）部分。除了基于游戏引擎的游戏、教育和企业 VR 之外，VR 游览部分还使用 360 或 VR180 视频和照片捕捉技术，根据摄像头捕捉的镜头或图像提供沉浸式媒体体验，并附带热点激活、音频层和叙事元素。

沉浸式视频/照片游览对创作者来说更容易实现，因为通常不需要技术游戏引擎知识，而且各种创作工具（更符合电影后期制作知识）为摄影师、电影制作人、设计师和创作者提供了

一种以现有地点为特色构建沉浸式体验的方式。

VR 游览在房地产和酒店业传播方面取得了商业成功，不仅仅是 VR 头戴式设备，而是通过标准网络浏览器提供 360 度视图。用户喜欢在购买之前沉浸式地查看房产或度假套餐。疫情使得这一用例在由于公共安全、旅行和聚会限制而无法亲自访问某个地点的情况下更具吸引力。市场上有各种各样的 360/180 摄像头可供选择，从低成本的消费级设备到高端的广播设备。

有五种主要格式需要考虑：

- 360 照片
- 立体 360 照片
- 360 视频
- 立体 360 视频
- 立体 VR180 视频

照片和视频的立体版本要求每只眼睛看到不同的图像，通常采用上下或并排排列的方式拍摄。VR180 是一种独特的格式，旨在为观看者提供最佳的立体内容质量，因为像素密度和分辨率仅用于正面空间，而不是将分辨率分布到 360 度，包括未使用的背面区域。这种格式最适合演出、音乐会、剧院或任何舞台表演，在这些场合，用户会专注于镜头前的演示，而 360 格式更适合探索型体验，例如展览、博物馆和外景游览。

发布 VR 游览或演示就像将其上传到社交平台（如 YouTube）或专门用于沉浸式媒体的特定 360 平台一样简单。Oculus 提供了媒体管理工具 Oculus Media Studio，以支持专业创作者，并提供发布和分析工具以及直接连接到 Oculus TV 的通道，以及额外头戴式设备外其社交网络的发现机会（图 5-27）。

5.5.1　VR 游览内容创作和用户体验考量

大多数 VR 游览创建工具都是基于网络的，可通过 WebVR 的 VR 头戴式设备浏览器访问。沉浸式的基于网络的工具通常主要旨在通过网络浏览器在桌面和移动设备上使用。使用 VR 头戴式设备进入空间的可用选项通常是一个额外的功能，而 VR 头戴式设备的使用正朝着大规模普及的方向发展。例如，matterport.com 工具集可以根据 360 度图像创建 3D 虚拟网络游览，这些图像可以在社交媒体上共享，但它还支持 VR 漫游，包括通过 Oculus 网络浏览器访问时使用 Oculus Quest 等头戴式设备进行免费热点传送（图 5-28）。

图 5-27　Oculus Media Studio

图 5-28　使用 Oculus Quest 进行 Matterport 游览

使用线性视频的 VR 游览或演示，而不是使用热点的交互式照片游览，必须考虑到用户体验始于电影场景。沉浸式用户需要通过介绍性镜头进行新手引导，而视觉叙事最好通过使用方向锚点的平衡图像构图来支持，以使用户感到舒适。用户采用摄像头的视角（POV）并成为叙事中的角色，而环境应该通过兴趣点和上下文信息激发他们的好奇心。

使用移动摄像头时，应特别考虑稳定平滑的过渡，因为 VR 中每个意外移动都会加速，可能会造成干扰并导致不适和恶心。对于立体媒体，立体图像构图对于令人满意的体验至关重要，构图通常包括前景、中景和后景，并且应在沉浸式序列中保持一致。传统媒体中常见的做法（例如视频交叉淡入淡出）通常不适用于立体素材。相反，淡入黑色，然后从黑色淡出以打开下一个场景，让用户有时间进行视觉调整。

视线匹配也需要一致性。由于摄像头代表用户的视角，并假设特定的角色高度，因此应始终如一地使用它。经典的故事叙述原则，如用想象的连续性、视觉张力和冲突、识别和因果关系来引导注意力，与沉浸式用户更喜欢较短的片段和休息时间一样重要，因为媒介的强度更高。沉浸式故事叙述在于让用户站在叙述者的立场上，从而以其他媒体类型无法实现的方式产生同理心。增强这种体验的工具和技术适用于任何内容类别，无论是艺术展览还是自然保护项目的第一手报告。

5.5.2　在 VR 游览媒体中添加叙事元素

使用混合沉浸式媒体类型构建 VR 游览的最灵活的工具之一是来自奥地利开发商 Garden Gnome GmbH 的应用程序 Pano2VR，其次是 3dvista.com 和视频应用程序构建工具 headjack.io 之间的各种应用程序。Pano2VR 桌面应用程序能够编辑、修补、链接和映射沉浸式照片和视频，并通过交互元素、热点和弹出窗口进行增强，并将其与叙事音轨叠加，从而获得与当代 VR 头戴式设备兼容的沉浸式网站体验（图 5-29）。

图 5-29　Pano2VR 编辑器

Pano2VR 可与 WebVR 配合使用，可通过网页或第三方应用程序 VR Tourviewer（可在 SideQuest 上找到）进行共享。VR Tourviewer 支持离线观看，并具有不同的配置，包括带有启动画面、菜单和 UI 自定义选项的商业白标解决方案（图 5-30）。

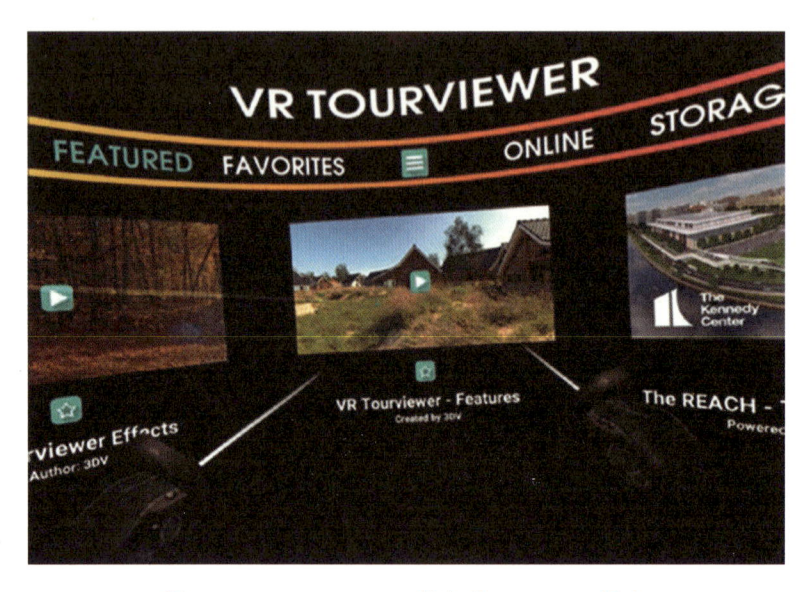

图 5-30　VR Tourviewer 的免费 SideQuest 版本

Pano2VR 加 VR Tourviewer 提供了一种灵活的解决方案，可以混合和匹配沉浸式媒体类型，处理最流行的格式，并使用热点触发器和附加媒体层设计导览设置。该解决方案能够提供直观且易于使用的体验，具有熟悉的点击交互，即使是没有经验的用户也能立即感到熟悉。

添加背景声音和音频旁白的选项，以及带有附加信息、图像和视频内容的弹出窗口，为 VR 中的丰富演示打开了大门。

VR 游览的用户体验在很大程度上取决于视觉构图、媒体序列的质量以及叙事结构。编写脚本和草拟故事板以规划结构，以及交互流程图，有助于可视化用户流程以及激活兴趣点时流程的展开方式。

5.6　总结

本章探讨了用于解决手持式 AR、Oculus 头戴式设备、基于 HoloLens 的 AR 交互的 XR

体验的开拓平台、工具和媒体解决方案，以及适用于沉浸式360媒体的解决方案。这些示例中的每一个都代表了行业中不断发展的细分市场，拥有用于设计、原型设计和测试下一波媒体创新的活跃工具生态系统。XR因其空间叙事潜力而被称为UX设计史上最伟大的革命。为了有效地设计这个数字空间，并提供引人入胜的故事和有意义的体验，人们需要了解这种范式转变的规则、潜力及其不断发展的基础设施。UX XR设计师是未来现实的建筑师，他们开拓和规划人类一旦达到宜居程度就会居住的数字空间。

第 6 章

实用方法：现实世界中的 UX 和 XR

6.1 引言

本章将研究正在开发中的实验性 XR 产品的 UX 设计流程。现有的 UX 方法如何在数字体验中发挥作用，如何连接 XR 和区块链这两种新兴技术？用户同理心地图有多实用？如何从用户旅程的接触点过渡到空间体验？从低保真原型过渡到高保真原型时，可以使用哪些工具或实践来提高效率？ XR 为设计师带来了更多需要解决的问题，但它也为用户研究和数据采集测试的新方法打开了大门，例如，在使用基于 WebVR 的用户交互时。除了探索这些新方法外，本章还将总结一些基本想法，即人机界面（HMI）时代把我们作为一个社会、作为个人，特别是作为设计师将带向何方，以及如何平衡强大的机遇和新的责任。

设计思维可以帮助我们打造更好的产品，包括更好的数字 XR 产品。在将想法付诸实践之前，创意过程验证想法的一种方法是问自己："如果……会怎样？""如果重新考虑我们的业务，为不同类型的用户构建一个平台会怎样？"这是一个深入探索新领域、了解领域背景、用户动机以及领域如何影响业务战略的机会。设计思维是从用户的角度理解服务或产品的发展方向。这是一种解决重大产品开发问题和应对未知问题的方法。

以下案例研究从设计思维开始，深入研究影响因素：它提出了艺术品收藏家未来将如何使用 XR 的问题。这是一个关于设计思维如何帮助解决基本问题的场景，随后是 UX 设计流程，以了解不断发展的 XR 领域及其相关技术中的问题、机会和解决方案。

这个实验性的简化案例研究涵盖了从最初的简介到测试的各个步骤，目的是说明流程中的不同步骤以及解决问题的方法。这是一个正在进行的项目的示例，该项目将继续开发，同时在其发展过程中对商业环境的变化做出反应。

6.2 案例研究：Gallery X，第一部分

本案例研究的最初产品想法源自假设思维：2041 年，消费者将如何购买收藏品、家居装饰和艺术品？2021 年画廊（此处称为 Gallery X）的设计摘要："Gallery X 正在接触 VR 用户，以建立新的虚拟展览形式，展示先锋的数字艺术形式和流派，包括 NFT 收藏品和加密艺术。"

背景：Gallery X 已将活跃的 VR 用户确定为数字艺术日益增长的受众群体。目前 Steam 上有 200 万 VR 用户，同比增长率为 94%。数字艺术，尤其是可收藏的 NFT（非同质化通证：独特的区块链代币，用作真实性证书），也被称为"加密艺术"，正在迅速普及。加密艺术的 VR 展览已经在 VRChat 等社交 VR 空间中流行起来，并且是 decentraland.org 和 cryptovoxels.com 等专用 VR 区块链空间的核心理念的一部分。与此同时，也有持怀疑态度的声音，他们担心过度的能源消耗、加密空间的整体碳足迹、高昂的网络费用，以及对极端市场波动、货币透明度、信任和问责制的质疑（图 6-1）。研究数据显示，VR 游戏玩家之间存在分歧，其中一部分人对加密相关话题持怀疑或消极态度，部分原因是加密挖矿影响了高端游戏显卡的供应和价格，因为加密矿工抢购游戏硬件，而高端游戏显卡通常需要 PC VR。

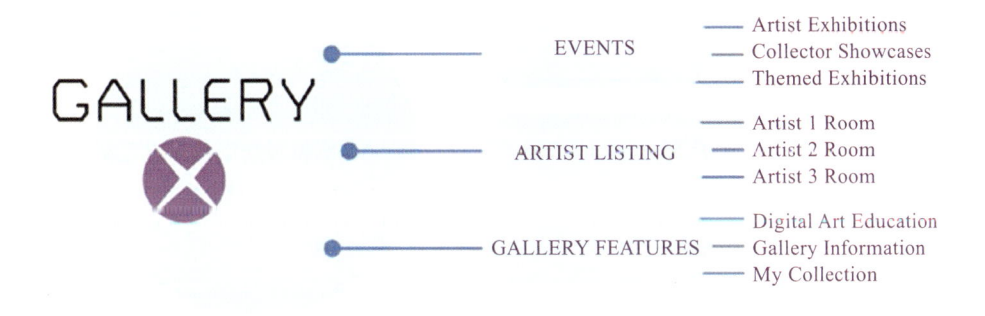

图 6-1 Gallery X 概念图（图片由 C. Hillmann 提供）

研究和用户访谈的结果随后被用于仿射图和构思研讨会，作为该项目后续 UX 研讨会的第一步。

6.2.1 原型乌托邦

VR 画廊、数字艺术、NFT 收藏品和加密艺术是一个高度活跃且发展迅速的领域。这在一定程度上是一场淘金热，也可能是一场泡沫，此外，由于繁荣，市场中充斥着大量新作品。Gallery X 认为这是一个机会，可以创建一个发现和策划数字艺术的目的地，面向加密友好的 VR 用户。我们的目标是进入这个不断增长的细分市场，并选择在未来任何可行的情况下开放更多服务。

在深入研究的过程中，它有助于想象 20 年后的未来，NFT 可以扮演什么角色，以及数字艺术如何成为增强环境的一部分，虚拟收藏品将存在于上下文物理空间中。可视化未来的 VR NFT 空间有助于提出各种场景，用户作为 NFT 艺术品收藏家，部分是在他们的私人空间、数字墙框、私人增强空间以及在线共享 VR 空间中通过他们的收藏来表达自己的个性。随着领先的区块链转向环保的权益证明（PoS）概念，能源消耗问题早已得到解决。

回顾 20 年前的历史，探索创新思维和市场力量的作用也大有裨益。2001 年，出现了互联网泡沫，历史上的这一时期，过度的短期预期被压垮，但长期愿景占了上风。从 2001 年到 2021 年，再到 2041 年，对未来的猜测有助于掌握其中的动态宏观因素和力量。由于 2021 年初可能会出现 NFT 泡沫，该技术对用户的巨大好处很可能会比市场波动更持久。这一研究和发现过程有助于激发创意，并确定品牌的痛点和收益。

6.2.2　VR Gallery X：初步设计概要

VR 画廊的初始设计概要涵盖了项目的概要、范围、可交付成果、时间表和方向，并随着项目的进展而更新。以下是概要中的要点：

主要目标：

设计一个数字艺术 VR 画廊。VR 用户应该能够发现、收藏和与数字艺术（包括加密艺术）互动。该画廊旨在成为艺术家的发现和推广场所，以及收藏家展览的场所，该画廊空间具有直接链接到 NFT 市场的功能。关键词：发现、背景、策展。

目标受众和市场：

VR 画廊面向活跃的 VR 用户。主要受众是精通技术、支持加密货币的 VR 游戏玩家、收藏家和投资者，以及任何拥有 VR 头戴式设备并对数字艺术充满热情的人。

项目具体信息：

该画廊的目标是策划数字艺术，并为艺术家和收藏家提供 VR 空间，提供有价值的信息和购买建议。艺术家、收藏家、艺术推广者和画廊主将能够购买促销空间和活动时段。核心概念之一是艺术家和收藏家同等重要。空间和重要性平等分配给特色艺术家和特色收藏家，提供友好、引人入胜且身临其境的展览空间。

竞争对手信息：

数字艺术、加密艺术、3D 和 VR 艺术以及 NFT 收藏品目的地，例如 cryptovoxels.com、decentraland.org 和 somniumspace.com、其他现实博物馆（museumor.com）、ArtGateVR.com 和当代数字艺术博物馆（mocda.org）。组织和 XR 展览空间是不断发展和新兴的数字艺术与 NFT 收藏品空间的一部分。

可交付成果：

经过测试和可运行的原型，兼容当代 VR 头戴式设备。

6.2.3　VR Gallery X：发现

在项目的发现阶段，通过促进利益相关者（访谈应至少有六到八个人）和用户访谈来收集定性数据。每一次用户访谈都遵循相同的脚本来查找和比较可能的模式、行为和期望，确认角色特征并解决主要见解。这些见解可以总结如下：

1. 对数字艺术 VR 画廊抱有积极态度的 VR 用户担心没有足够的事情可做。

可能的解决方案：以更引人入胜的方式提供信息。

2. 对加密艺术抱有同情心的 VR 用户担心碳足迹、网络（"燃气"）费用以及加密平台的可信度。

可能的解决方案：提供所展示艺术品的加密质量信息，包括碳足迹。

3. 研究还表明，VR 用户希望在社交媒体上与朋友分享他们的收藏。

解决方案：提供包含个人收藏的配套网页的链接。

总体而言，VR 用户希望看到有趣的展览地点并与其他用户互动。最想要的功能是艺术愿望清单、艺术"点赞"按钮、在社交媒体上分享艺术以及可共享的私人收藏室。

对收藏数字艺术最感兴趣的 VR 用户通常也对交易卡等传统收藏品感兴趣，他们的可支配收入高于平均水平，并积极使用 Robinhood 等投资应用程序进行交易。在用户访谈中，人们对非同质化通证（NFT）概念的合法性以及如何保证数字艺术文件和区块链数据单元之间的链接完整性提出了质疑。很明显，可选的区块链技术和 NFT 概念介绍将为新用户的画廊资源增加价值。这个教育性介绍将解释传统艺术证书在当代艺术中的作用，以及这一既定概念如何转移到数字领域。在采访利益相关者的过程中，很明显，其目标是策划艺术品并最终发现数字艺术，并可选择在后期添加其他服务。利益相关者看到了构建混合媒体平台的机会，该平台将不同的格式（包括非 NFT 收藏品）融合在一起，并通过现有市场通常缺乏的背景信息来创造价值。以艺术家和收藏家及其故事为特色，并根据地点、主题和原因举办主题展览，将使 Gallery X 能够通过广告和可预订的 XR 空间实现增长。总结如下：

挑战声明：VR 用户对 NFT 的想法并不确定，但喜欢分享个人数字艺术收藏的想法。

解决方案声明：创造介绍数字艺术和个人收藏空间的 VR 体验，并提供数字艺术信息，包括 NFT 背景信息。

6.2.4　VR Gallery X：探索

为了获得有关数字艺术领域的更多见解，我们创建了竞争分析、市场研究和具有主要角色的用户同理心地图。

竞争分析显示，大多数数字艺术主要关注加密投资者和游戏玩家，具有基本的游戏图形，没有收藏家展示或高级社交功能。同时，专注于数字艺术的非加密艺术 VR 画廊没有提供收藏和共享艺术品所有权的途径以及社交功能，但它们提供了更美观的环境（图 6-2）。

图 6-2　NFT 市场研究：decentraland.org 和 cryptovoxels.com

所有研究都汇总在一起，以便对产品和用户有基本的了解。基于定性用户访谈的同理心地图揭示了许多问题和挑战。该地图以四个象限的形式呈现：说、想、做和感觉（参见第 4 章中的图 4-2）。

"说"描述了用户实际说了什么。"想"意味着评估用户行为背后的想法。"做"描述了用户的实际行为。"感觉"描述了用户的实际情绪和感受。由此产生的板块有助于理解角色及其痛点：

说：

- 我如何下载或保存图像？
- 我想建立我的收藏。
- 我如何在社交媒体上分享我的收藏？
- 我只投资我相信的事物。
- 哪位特邀艺术家最具潜力？
- 很难决定选择什么。

想：

- 我希望我记得控制器按钮设置。
- 我对不同的选择感到困惑。
- 我希望我能幸运地挑选正确的东西。
- 我很高兴发现新事物。
- 这些展品让我很感兴趣。
- 我想知道这件加密艺术品有多少碳足迹。

做：

- 研究流行收藏品的网站。
- 比较产品。
- 订阅投资通讯。
- 询问家人、朋友和同事的意见。
- 将自己学到的知识传授给别人。
- 如果感到烦躁或无聊则终止应用程序。

感觉：

- 对选择不确定。
- 很高兴发现新的东西。
- 担心不能正确使用该应用程序。
- 选择太多，不知所措。
- 选择有限，令人厌烦。

6.2.5 角色、用户旅程和用户故事

这个过程的下一步是从描述人物群体的同理心地图转向具体人物。这个例子是35岁的保险经纪人Todd。人物卡描述了他的个人资料，包括（a）需求、愿望和期望、（b）动机和态度、（c）挫折、（d）简历、（e）目标、（f）频道或产品偏好（图6-3）。

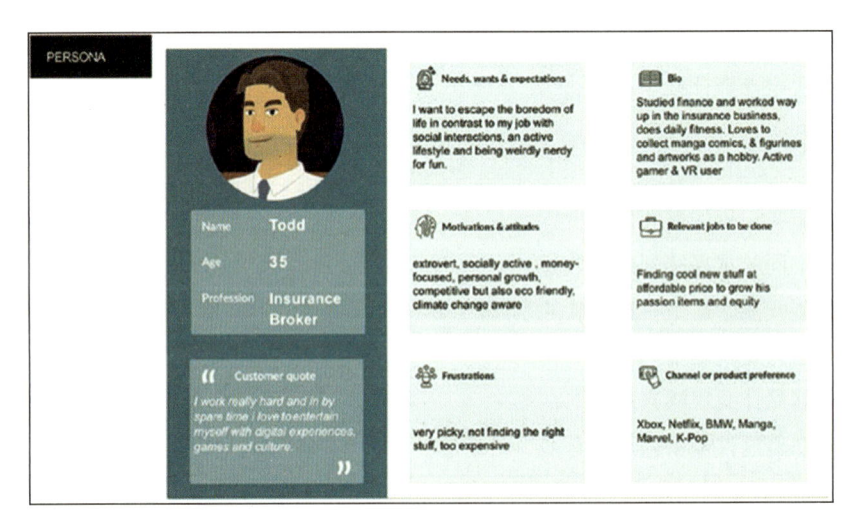

图 6-3 角色（PERSONA）：Todd（出于隐私原因，照片被替换为卡通形象）

使用角色，绘制出了用户旅程（图6-4）。用户旅程地图被分为体验的前三个部分。

新手引导：介绍画廊、设定期望以及说明控制器按钮功能。

大厅：用户决定使用哪个展览或功能的空间。

展厅：艺术家展览、主题展览、艺术活动或收藏家展示。

重要的是展示用户在每次体验、操作和触点时的想法，以及这些想法将揭示哪些机会。

示例：

- 旅程阶段：新手引导。
- 操作：查看具有控制器按钮功能的屏幕。
- 接触点：说明屏幕。
- 用户想法：我希望我能记住这一点。
- 机会：包括帮助按钮，始终可访问。

- 旅程阶段：大厅。
- 操作：观察不同的环境对象和特征。
- 接触点：交互对象。
- 用户想法：我很困惑，希望我能选一个好的（我不想浪费时间）。
- 机会：展示热门活动、星级评定或喜欢。

- 旅程阶段：艺术家展厅。
- 操作：与艺术品互动。
- 接触点：信息/激活。
- 用户想法：我想知道这件加密艺术品的碳足迹是多少。
- 机会：显示每件艺术品的碳足迹信息。

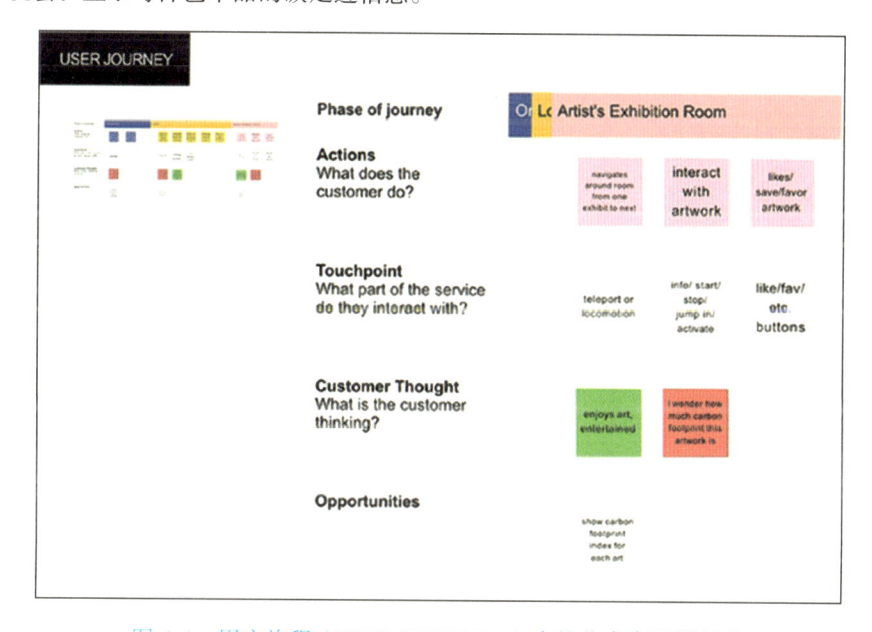

图 6-4　用户旅程（USER JOURNEY）中的艺术家展厅部分

角色和用户旅程用于创建用户故事（图 6-5）。

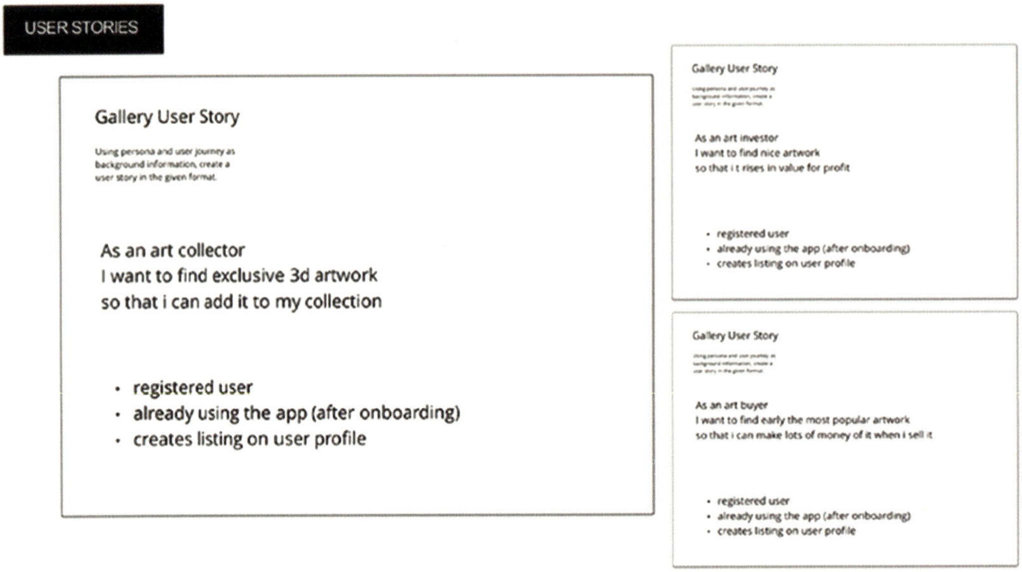

图 6-5　用户故事（USER STORIES）

6.2.6　XR 上下文中的面向对象 UX

该过程的下一步是识别用户与之交互的对象并定义它们的功能和关系。这部分参考了第 4 章中描述的面向对象 UX（OOUX）方法。与典型应用相比，XR 上下文的 OOUX 的使用优先级和目标略有不同。虽然由于其平台无关性，它可以针对任何媒体格式，但它也是一种直观的方式，可以直接发现实际的 XR 场景对象出现在空间旅程中，以及这些对象将如何在体验的不同部分中以不同的关系和功能重现。第一部分（对象定义）中的对象发现和后面的对象功能（创建对象功能），直接由用户旅程驱动。对象是从用户旅程地图中提取的，其功能和接触点在第一个 OOUX 板上确定（图 6-6）。例如：

- 对象定义：新手引导阶段；
- 接触点参考：新手引导屏幕；
- 对象：控制器功能；
- 创建对象功能用于：新手引导；
- 定义对象（来自前一个板）：控制器功能；
- 对象功能：控制按钮说明、视觉指南、菜单位置；

- CTA：下一步，全部跳过。

图 6-6 对象接触点（TOUCHPOINTS）

下一个OOUX板专门介绍其主要对象的对象关系。对象名称后面是其属性、功能和嵌套对象。嵌套对象列在每个单独对象的底部，以直观地显示关系（图6-7）。例如：

- 对象：艺术品；
- 它是此列表的一部分：艺术品列表（位于行顶部）；
- 对象属性：标题；
- 对象功能：选择；
- 嵌套对象：艺术家、访问者、事件。

嵌套对象揭示了艺术品对象如何依赖于其他对象。

- 嵌套对象艺术家：艺术品揭示了有关艺术家的信息；
- 嵌套对象访问者：访问者入围、分享或购买艺术品；
- 嵌套对象事件：艺术品是事件的一部分（就像一场展览）。

定义对象关系后，它们将被添加到接触点。对对象进行优先级排序和强制排序变得很重要，尤其是当对象和功能数量很多并且目标是构建MVP原型时。

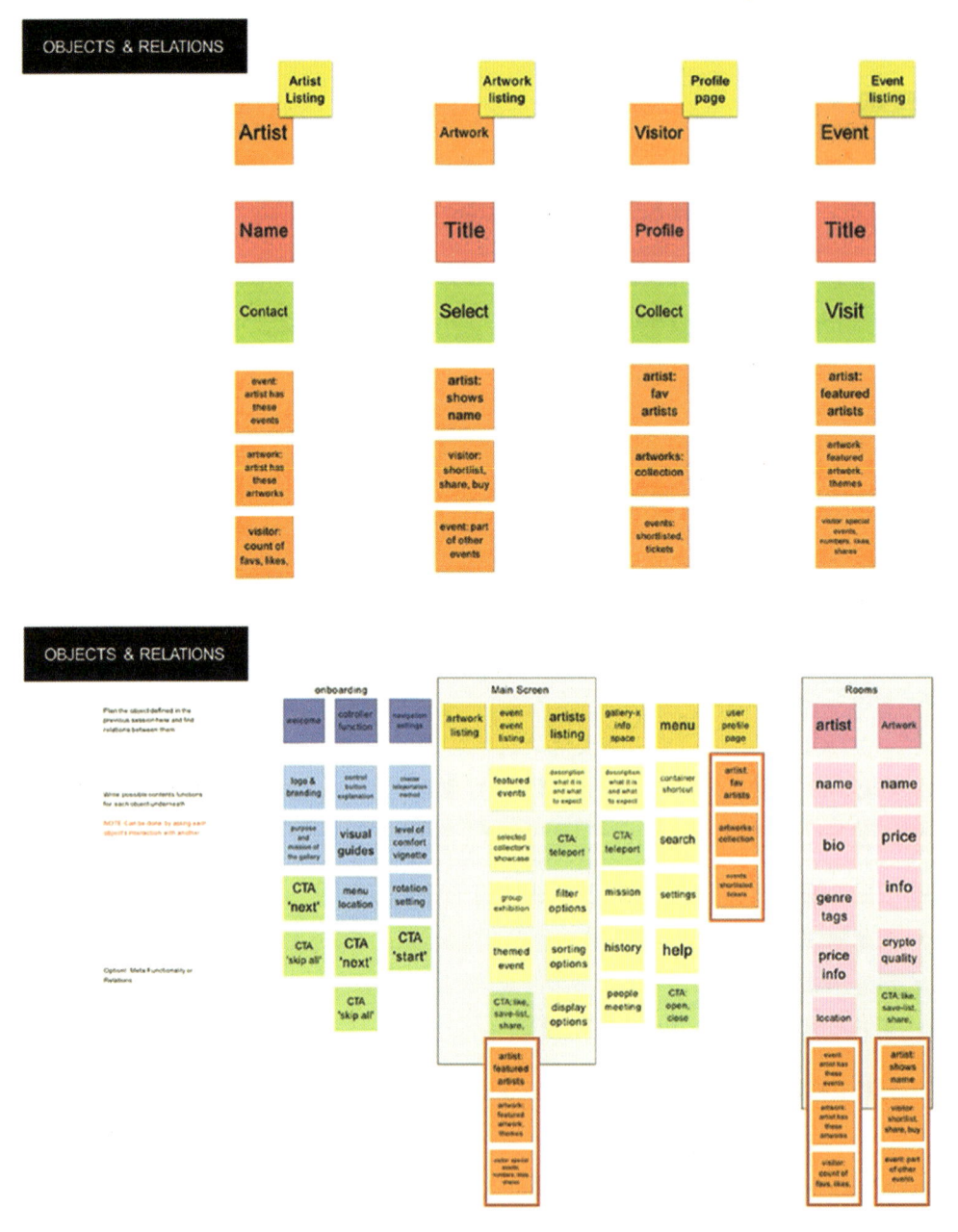

图 6-7 对象关系（上）和添加对象关系的对象接触点（下）

此时，我们对 VR 体验中的对象有了很好的认识。面向对象的方法有助于确定用户如何与 XR 对象交互，同时有助于建立适用于空间体验的信息架构。在此过程的下一步中，我们将进入原型设计阶段，创建故事板，然后将故事板对象映射到 XR 框架功能。

6.3 案例研究：Gallery X，第二部分，思考、设计、构建、测试

故事板的第一个版本是基于用户故事的口头描述，通过时间线上的一系列操作分阶段写出来。

6.3.1 口头故事板

口头故事板包含六个脚本步骤并且基于用户故事。

新手引导（1）：Gallery X 标志带有音频品牌和加载动画。

新手引导（2）：显示带有控制器按钮指令的帮助屏幕："跳过"或"下一步"按钮。

大厅（3）：显示信息的三个场景对象。对象 1：显示展览活动的屏幕。对象 2：显示艺术家列表的屏幕。对象 3：显示画廊功能的屏幕。与活动屏幕的交互。

艺术家展览（4）：画廊房间的墙上挂着一系列装裱好的 NFT 艺术品。

艺术品互动（5）：显示传送交互。

艺术品互动（6）：与艺术品旁边的信息符号进行互动。

信息显示面板显示艺术品的描述：简短的艺术家的个人资料，带有"信息"按钮与艺术家和艺术品信息详细页面，以及"统计"按钮和加密质量信息详细页面。仪表板底部有三个按钮可激活：(a) 喜欢，(b) 愿望清单，(c) 分享。

6.3.2 视觉故事板和低保真原型

视觉故事板和用户流程采用书面阶段，通过用笔和纸绘制草图来概念化视觉特征，然后使用 Blender 3D 和 Gravity Sketch 在 VR 中制作 3D 模型。绘制草图有助于粗略地勾勒出 3D 布局，获得快速反馈，进行印象测试，并通过构思提出视觉概念和基本想法（图 6-8）。

故事板草图提供了模板，通过使用 Blender 和 Gravity Sketch 的灰盒技术，粗略地勾勒出 3D 空间布局。在 Blender 中建模环境创意时，最好使用真实世界比例，以便场景的真实世界尺寸能够正确地将内容转换到 VR 中。使用 Blender 或任何其他带有 3D 建模器的 DCC 应用程

序是一种高效的方式，可以组装早期可视化的最重要资产，从早期的灰盒到后期更详细的概念。在后期过程中，开发视觉创意、调色板、图像和整体视觉设计系统，同时评估空间布局。使用情绪板概念化视觉语言，包括排版、关键图像和品牌 ID。目标是在原型设计阶段评估视觉设计创意，迭代并优先考虑在 3D 环境中效果最佳的创意（图 6-9）。

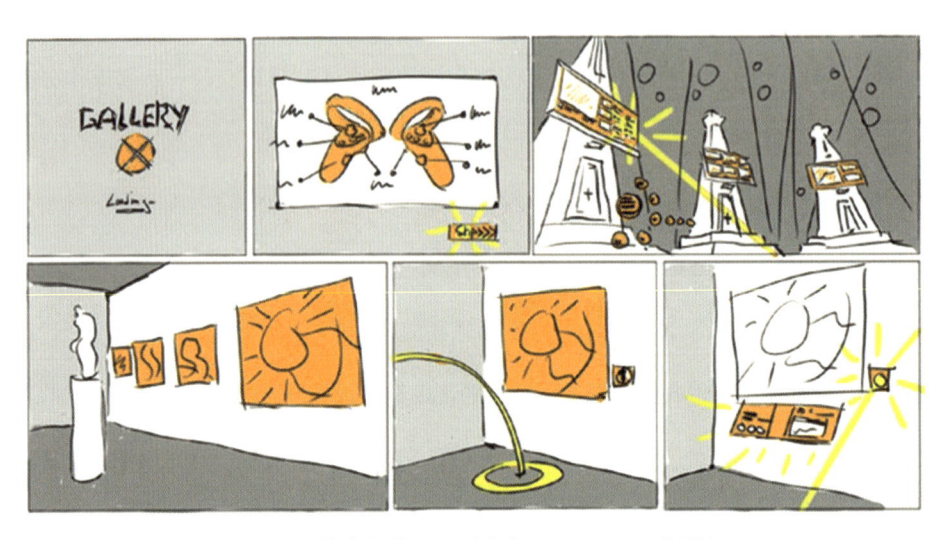

图 6-8　故事板草图（图片由 C. Hillmann 提供）

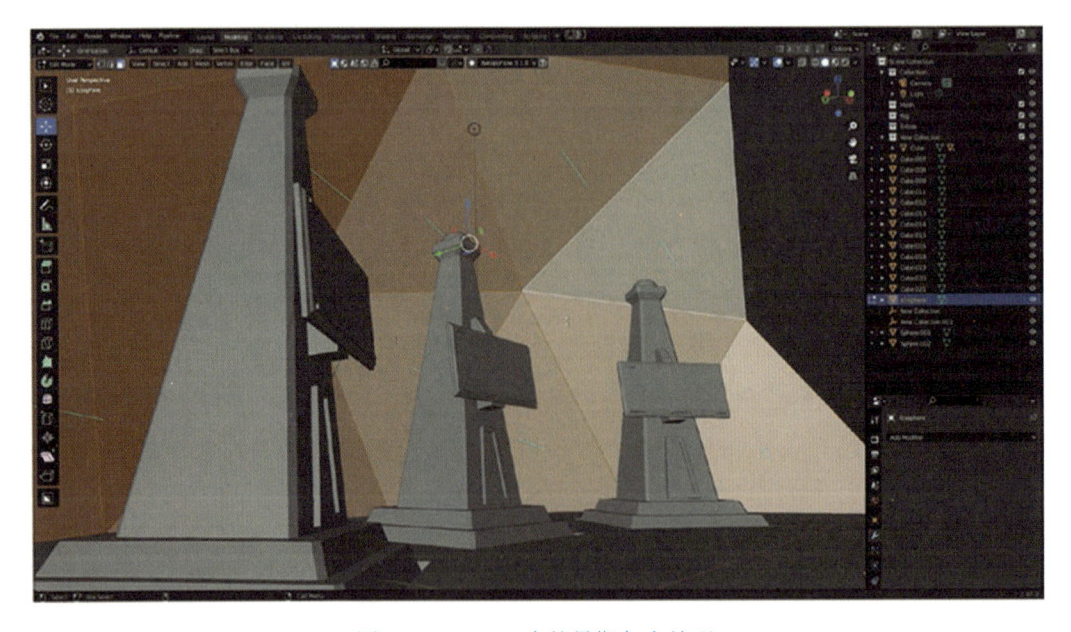

图 6-9　Blender 中的早期灰盒处理

将粗略的 3D 布局导入 Gravity Sketch 进行建模和布局调整，有助于使用 VR 头戴式设备测试 VR 中的元素并了解它的感觉（图 6-10）。

图 6-10　在 Gravity Sketch 中调整场景

添加更多细节后，获取用户和利益相关者的反馈非常重要。使用流行的五秒测试等方法进行印象测试可以获得快速反馈，以确定概念是否按预期工作。也就是说，让用户或利益相关者使用 VR 头戴式设备查看场景布局，甚至可能不使用控制器，只需五秒钟。这段短暂的时间足以获得第一印象并评估设计是否能够按预期传达意图。为了使印象测试有效并评估早期反馈，应该提出一系列问题。以下是 VR 印象测试问题的示例：

- 你还记得该场景中的哪些元素？
- VR 场景是关于什么主题的？
- 在这种环境下你下一步会做什么？
- 感觉环境舒适吗？

此时，不清晰的场景元素，或者令人烦恼、分散注意力的对象，可以被重新排列、重新设计或删除。获得早期反馈来评估和迭代设计概念是一种在上游走上正确轨道的方法，而不是在没有经过用户和利益相关者评估的情况下将有问题的想法带入原型设计阶段。这是一种避免不必要和额外工作的方法。

一旦想法、设计概念和视觉语言被缩小，将草图故事板转变为包含所有故事叙述元素的

3D 低保真构思原型后，就该确定 XR 框架功能并将它们作为交互元素固定到视觉概念上。

这种方法是 4.3.5 节所解释的概念的一部分。在早期的故事板或概念原型阶段识别框架功能，有助于理解哪些现有组件可以使原型制作过程更快更容易。对于被视为 VR 应用基础功能的每个标准特性（如移动和传送），没有必要每次都重新开发。能够评估哪些功能符合要求，哪些功能需要定制开发，也是对开发范围的早期评估。

Reality UX 的概念作为大多数框架的数据库，包括一个识别其可类比特征的参考系统，是将这个想法更进一步的一种方式，并为正确的项目找到正确的框架匹配和引擎平台。

对于 VR Gallery X 项目，我们决定针对 Unreal 引擎使用 humancodeable.org 的高级框架。该框架提供了许多可自定义的构建块，包括 UI 面板和径向菜单，这些对于项目来说非常重要。通过使用唯一 ID 标记相应功能、提供功能摘要以及更多信息链接，Reality UX 参考让团队中的每个人都对预期的交互方式达成共识。

6.3.3　构建高保真原型并进行测试

迭代设计理念、通过印象测试对其进行测试，并优先考虑对功能性交互原型最重要的概念，为具有最重要功能的实际交互原型生产奠定了基础。在本例中，关键功能是菜单激活的用户房间、愿望清单、可共享的艺术品和个人艺术品信息面板（图 6-11）。

图 6-11　艺术品仪表板信息面板 UI 概念（图片由 C. Hillmann 基于 @josh_abolade 和 @zazulyazizAziz 的 Figma 主题创作）

由于框架功能在早期就被标记了，通过使用 Reality UX 工具包（在这个案例中是 humancodeable.org 提供的高级框架）在故事板中识别功能，使得哪些功能需要被激活变得一目了然。在我们这个案例中，例如，需要激活的是径向菜单功能和面板功能（图 6-12）。

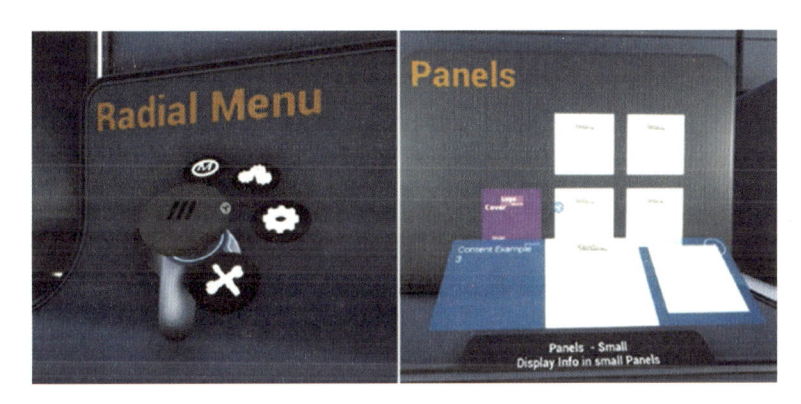

图 6-12 高级框架中的径向菜单和面板功能（humancodeable.org）

与网络和移动应用原型设计相比，这一阶段更加耗时且复杂，因为必须考虑 3D 资产创建，包括 3D 建模、PBR 着色纹理和动画（如果适用）。根据制作范围，3D 艺术流程比项目的第一阶段花费的时间要多得多。一旦 3D 资产设计、建模、纹理和动画完成，就必须在游戏引擎中组装和运行。框架功能需要在场景环境中进行调整、定制和优化，并且需要对交互进行游戏测试以确认它们是否按预期工作。VR 体验的高保真原型在视觉保真度和交互方面通常非常接近最终产品，但通常侧重于核心概念和需要通过用户测试进行评估的想法（图 6-13）。

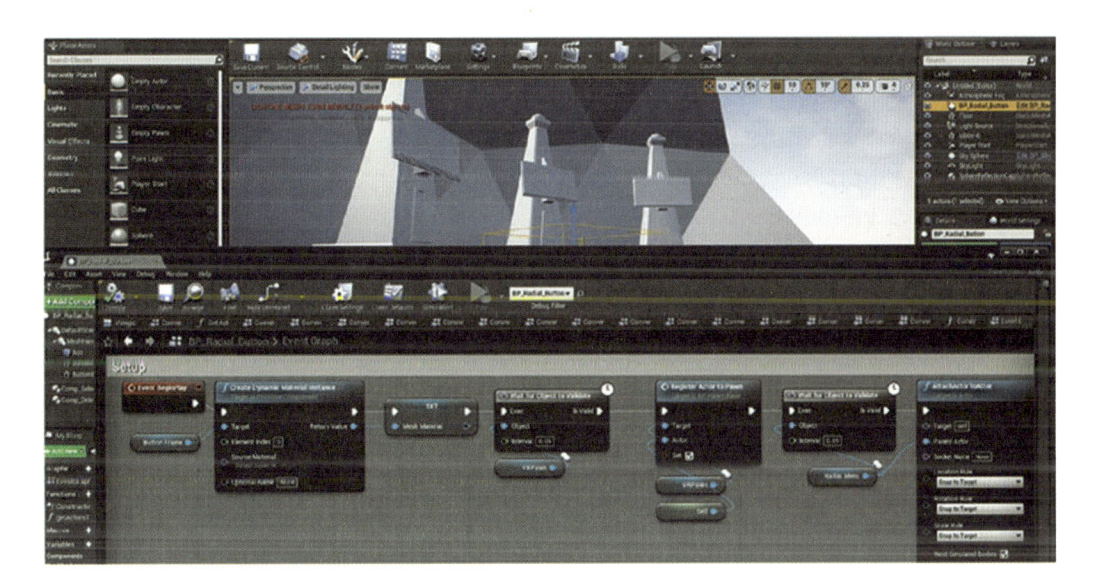

图 6-13 使用 Unreal 引擎构建原型

一旦原型可供测试，就必须决定测试方式和地点。如果是面向公众，可以考虑 SideQuest

平台或 Oculus App Lab，或者在 Steam 上发布抢先体验版。公开测试通常会得到用户的反应，如果受到鼓励，还会报告可用性和核心概念。

大多数情况下，原型并不公开，尤其是面向特定受众和行业的企业和 B2B 应用。在这些情况下，最好的办法是发送 Android 软件包（APK）文件，将其安装在测试合作伙伴的目标头戴式设备上，或者使用通过侧载安装软件的头戴式设备进行内部测试。后者是中小型项目最常见的做法，尤其是在活动和 B2B 领域。

通过侧载安装 APK 文件后，用户将被邀请参与测试会话。当然，测试方法有很多种。对于 VR 应用程序，最实用的方法是使用第二个屏幕监控和记录用户测试会话，并在设备上记录会话或通过 Oculus 开发者中心进行记录。目标是捕捉用户的互动和评论，并获得有关最重要功能的宝贵见解并确定痛点。通常，这些测试包括用户对互动的反馈，其中互动与预期不一致、操作未完成或功能未使用。与其他媒体相比，VR 中的测试略有不同，因为可用性通常是最大的话题。可用性是 XR 中最大的关注点之一，但它也往往会掩盖产品更细微的目标。几乎每个人都偏爱诸如运动和对象互动等基本 VR 功能，如果这些基本功能以不同的方式使用或需要时间进行定制或调整，用户很容易感到恼火或分心。

原则上，测试程序遵循任何数字产品的既定标准：会话从预测试问题开始，然后给用户任务（而不是可以用"是"或"否"来回答的问题），并在镜像屏幕上观察用户。对于 VR Gallery 来说，任务如下：

- 让我们进入主菜单。
- 移至另一个房间。
- 查找活动 X。
- 找到你最喜欢的艺术品风格。

或者响应用户的特定操作：

- 我注意到你从来没有看过愿望清单室。为什么？

在后测试中，用户还被问及了有关项目的总体体验和印象，例如：

- 你想改变什么？
- 你如何将它与你最喜欢的 VR 应用程序进行比较？
- 这次体验最好的事情是什么？最糟糕的事情是什么？

所有完成的用户测试最终被格式化为 UX 用户测试中使用的标准类别以及标签，因此我们可以从数据中得出结论。

用户研究有助于验证原型并发现一些可用性问题；此外，它有助于了解需要改进的功能或为需要添加的功能提供灵感。

使用已设置好的框架时，调整和迭代非常容易。这样，即使是小规模的迭代和可用性调整也可以快速实现。目标是通过测试获取无偏见的数据，然后调整功能并迭代原型，直到一切正常。

6.3.4 双钻石过程及其结果

VR Gallery X 项目的完整用户体验设计流程体现在它经过的双钻石阶段（如第 4 章所示）：随着用户研究发散，通过缩小要解决的主要问题收敛，发现用户旅程中的对象，映射这些对象及其关系，然后根据这些对象开发故事板并将其映射到 XR 框架功能，并在下一阶段构建高保真原型进行测试和迭代（图 6-14）。

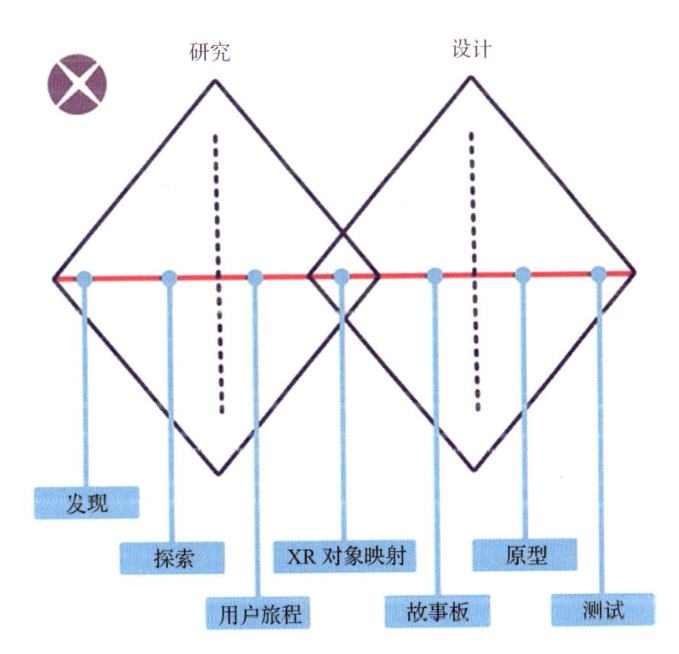

图 6-14　VR Gallery X 的双钻石时间线进程，参考了本章讨论的各个阶段（图片由 C. Hillmann 提供）

双钻石体现了产品开发过程，从创意到实现，经过以用户为中心的评估阶段。就 VR Gallery X 项目而言，它带来了一系列有价值的见解来改进产品。例如，很明显需要提供更多关于 NFT 概念的信息资源。用户对 NFT 的价值和长期投资前景缺乏信心。虽然没有人可以声称确切知道，但如果这项技术将会有一个繁荣的未来，正如加密艺术爱好者和区块链乐观主义者所说的那样，那么有大量的背景信息和艺术交易背景需要解释。

　　VR 是一种非常适合教育的媒介，因为其沉浸式的特性提供了互动和视听深度，可以深入探究复杂的主题，而这些主题通常很难用网页或视频来解释。对于体现新兴技术 XR 和区块链之间协同作用和令人兴奋的潜力的主题，沉浸式叙述和数据可视化是一个巨大的机会。在这种情况下，它为解释证书对艺术品收藏家和艺术品经销商的传统作用开辟了前景。当我们考虑到当代艺术的证书往往不是实体对象时，比如可以包括表演艺术，这种对比就变得清晰了。在这些情况下，收藏家购买的不仅是一个证书，证明他们对艺术品的所有权，但更重要的是，他们成为艺术家旅程的一部分。这段旅程不仅仅是拥有一份财产；它意味着成为一个故事的一部分，也就是说，理想情况下是一个成长的故事，因为艺术家获得了认可并变得更有价值。在这个生态系统中，艺术家和收藏家同样重要，合作、信任和责任发挥着重要作用。纵观历史，这个系统一直在精英艺术品收藏家世界的象牙塔里闭门进行。NFT 正在将这一概念带向大众，并迎来一个新的创作者经济，这对新兴的 XR 世界至关重要。一旦炒作的尘埃落定，区块链相关问题得到解决，我们很可能会看到一个新的繁荣和可访问的交易格局。曾经，收藏是专属精英的领域，以 J. Paul Getty 等收藏家原型为代表，他的著名博物馆就是他热情与个性的体现。如今，这种古老的慈善与投资的成功模式正在以民主化和可访问的方式在数字经济中展开。新兴的 XR 经济让每个人都能拥有一个属于自己的 VR 博物馆，里面收藏着他们的藏品，这不仅是一种可分享的个性表达，也是一种支持数字艺术的方式。最后同样重要的是，见证他们的收藏价值增长。NFT 经常被提及的主要特征，即给予收藏家"数字吹牛权"，其实质就是通过公开分享收藏家的旅程来表达个性。VR Gallery X 项目的愿景是使这种体验变得有趣、吸引人且面向未来，并通过新兴的 XR 领域的协同作用以及区块链驱动的去中心化 Web3.0 的潜力来增强它。UX 设计流程有助于识别问题，将问题缩小到最重要的问题，使用原型构建解决方案，并对其进行测试以进行迭代更改和调整。首先用 Reality UX 工具包（如第 4 章所述）使用 OOUX 方法识别对象，然后定义它们的属性和关系，最后使用故事板将它们映射到 VR 框架功能。

　　开发 VR Gallery X 的营销理念和指导原则之一是故事品牌框架（StoryBrand Framework），这是一种向用户传达最重要的商业信息的叙述故事公式。它的使命是让用户成为品牌及其故事的主人公。创始人 Donald Miller 认为，品牌通过充当向导来解决用户的问题。品牌故事叙述是沉浸式媒体在体验经济中的主要机会之一。在 XR 中叙述品牌故事意味着超越 2D 媒体格式的限制，与用户建立更紧密、更个性化的联系。

6.4 XR 项目的 UX 策略、分析、数据采集和 UX 审计

通过记录和跟踪用户行为来获取数据，以及进行用户访谈，然后对其进行综合以从数据中获得见解，是用户体验研究观察技术的一部分。原则上，从 XR 用户中获取数据与从网络和移动用户研究中获取没有太大区别。一旦捕捉技术及其工具成熟，XR 最终将有更好的工具来精确追踪用户运动，包括眼球运动。眼球追踪、全身追踪和记录，甚至脑机接口都可以在高端系统或研究项目中使用，但这些功能还需要一段时间才能充分发挥用户体验研究人员的潜力，研究人员需要使用符合道德标准和框架的分析软件工具和程序。与此同时，重点是传统的用户研究，由于 XR 体验对于普通用户来说仍然是一种新奇事物，因此有时很难获得细致入微的见解。另一个问题是，除了愿意开拓这一领域的组织所付出的有据可查的努力外，XR 用户测试案例研究和资源很少。

6.4.1 Mozilla XR 资源

在 XR 领域，一个引人注目的资源是非营利组织 Mozilla 基金会提供的在线报告、工具、见解和背景信息，该组织因其开源软件工具（包括 Firefox 和 Thunderbird）而广为人知。自 1998 年成立以来，Mozilla 一直致力于将互联网塑造为企业的平衡力量，其使命宣言是将人置于利润之上，并推进开放的全球互联网，包括 XR 的新领域。除了 Firefox Reality 浏览器、WebVR 和 A-Frame 等 XR 项目外，还有 Mozilla Hubs，这是一个具有自定义选项的多用户 VR 环境，包括 3D 空间创建工具 Spoke。Mozilla 定期在 blog.mozvr.com 上分享其用户研究的见解，从而提供通常难以获得的资源，尤其是在观察 VR 用户研究方法时。例如，Mozilla Hubs 的报告显示，对六位精通技术的用户及其合作伙伴进行的定性研究，使研究人员能够观察参与者之间的真实互动以获得反馈，特别是对于社交 VR 产品。一个有趣的发现是，产品开发得越多，用户所需的技术水平就越低。这一发现证实了这样一种观点：低保真原型最好由精通技术的 XR 用户进行审查，并能够根据其潜力进行判断。反过来，这意味着，与 XR 新手一起测试粗略概念通常没有什么用，即使他们代表了目标受众。为了获得最佳结果，包括有价值的直接用户引语，重要的是进行前测试和后测试访谈，并留出额外的时间来让这些用户熟悉控制器和导航。

6.4.2 基于 WebVR 的用户反馈

WebVR 是一种非常有效的获取用户对早期想法和概念的反馈的方法，尤其是对于远程团队以及在难以见面的情况下。Mozilla 凭借 Unity Web 导出器包和自己的多用户 WebVR 空间

Mozilla Hubs（hubs.mozilla.com）引领 WebVR 时代。WebVR 的设备独立性使得任何已发布的链接都可以立即访问以用于远程测试。例如，在社交 VR 空间中，使用 Hubs 可以让测试人员与用户一起观察和指导整个过程：这是一种近乎理想的情况，如果没有漫长的开发过程，几乎不可能实现。WebVR 可以使用 WebVR 框架（例如 Mozilla 的 A-Frame）或 3D 创作工具（例如 Mozilla 的 Spoke（hubs.mozilla.com/spoke））实现快速共享、测试和迭代。凭借 Spoke，可以使用重要资产构建完整的 3D 场景，并将其转换为社交 VR 空间，以便在 Hubs 上共享和测试（图 6-15）。

图 6-15　Mozilla Spoke（左）和 Hubs（右）

Spoke 应用允许设计师通过共享 WebVR 链接，通过基本的布局可玩性测试来验证视觉 VR 创意或空间布局。通常，必须使用头戴式设备在 VR 中查看创意，才能确定该概念是否可行。与在 2D 屏幕上查看 3D 场景相比，VR 漫游（包括距离、高度、障碍物、房间感知和定向）有很大不同。在用户研究项目中测试用户的行为就像与用户一起漫步在环境中一样简单。与用户一起在 VR 环境中行走，使测试人员有机会观察和询问有关环境布局、对象和视觉语言的问题。记录此对话的过程可以揭示用户对可发现性、指导、导航、可能的混淆、不必要的障碍以及其构图和视觉外观的美学混淆或吸引力的印象。

WebVR 印象测试的方法显然仅适用于早期环境设计测试，由于 WebVR 及其交互选项的限制。总体而言，它更适合简单、风格化的环境，就像 XR 教育和培训产品中通常和经常使用的那样。

．WebVR、Mozilla Hubs 和 Spoke 的替代方案是构建自定义 Altspace 的环境。此方法目前需要启用 Altspace World Beta 功能和 Altspace Unity 插件才能上传自定义环境。

自定义 Altspace 环境的优势在于，它实际上可以吸引 Altspace 用户的随机访问，并招募目前在平台上的 Altspace 用户，或者有机会在 Altspace 组织活动以获取用户反馈。Altspace 是运行时间最长的社交 VR 空间之一，其用户群通常成熟、专业且乐于合作。这意味着一种从用户群获得反馈的理想情况，它通常具有很强的 VR 亲和力，并且对 VR 内容及其用户具有宝贵的见解。Altspace 的自定义选项有限，但考虑到 Microsoft Mesh 平台雄心勃勃的路线图和愿景，预计会有所增长。

6.4.3　XR 项目的 UX 审计

UX 审计是数字经济中的一个成功概念，通常用于提高电子商务产品的性能。通常，目标是通过提供数据和可操作的建议来解决问题，从而消除用户体验问题，并使客户体验与业务目标保持一致。这样，用户体验审计就像一个 UX 设计过程，但没有实际的设计执行。相反，它的最后一步是评估用户体验情况，并得出调查结果和建议。其过程是通过用户访谈和从获取的数据中获得见解来了解用户及其目标，例如基于用户统计数据、在线评论和社交媒体数量的定量信息。另一个重要部分是通过利益相关者访谈获取信息来了解业务目标。

随着行业的成熟和电子商务交易成为 AR 和 VR 应用购买产品和服务的常规部分，XR 产品的 UX 审计将变得更加重要。当前一代 XR 游戏中的内置购买、附加内容和可解锁内容等已经预示了这一发展趋势。除了典型的电子商务重点外，还有对其他产品 KPI 的可用性审查和 UX 审计，例如，可重玩性、用户参与度、花费时间和用户获取增长，通常通过获取使用数据和评估用户行为及态度来衡量。相关行为 XR KPI 的示例如下：

- 放弃率：体验在完成之前结束的频率；
- 转化率：在 XR 中初始用户注册的百分比；
- 问题和挫折：可衡量的可用性问题，例如更改交互选项的菜单步骤数；
- 任务成功率：从开始到结束完成的任务的百分比；
- 任务时间：完成任务花了多长时间；
- 可以通讨满意度分数来衡量的态度：总体满意度或根据内容和特征细分为子类别；
- 推荐/社交媒体得分：社交媒体上推荐或分享的频率。

6.5　总结

本章展示了 UX 设计方法如何应用于空间计算，以及如何通过 UX 视角遵循产品开发周期来解决 XR 原型设计中可能遇到的障碍，以避免不必要的低效率。通过研究和发现、定义角色和用户旅程、使用面向对象的方法映射 XR 空间，本章能够在协作的远程研讨会驱动的过程中构思解决方案，来构建、测试和迭代 NFT 艺术体验。这个实验性案例研究能够验证 XR 空间中的 UX 原则并使用双钻石模型探索其阶段。在讨论 UX 审计方法和数据采集的同时，本章探讨了社交 WebVR 在早期构思和用户测试方面的机会。在接下来的结论中，我们将退后一步，从更大的角度来审视沉浸式 3D 空间中的空间叙事如何展开，以及当踏上 XR 之旅进入未知的多层现实未来时，它对未来社会及其作为用户倡导者的设计师来说意味着什么。

6.6　结论：未来已来

XR 已经到来，数百万用户正在使用它，但它处于一个被屏蔽的小众市场，Oculus 占据了可穿戴 XR 市场的 53%，而 VR 头戴式设备占据了所有 XR 头戴式设备的 90% 以上（根据 Counterpoint Research，2021 年 3 月的数据）。XR 主要用于游戏，但在企业、教育、培训和社交互动等其他领域也迅速增长。一旦苹果推出自己的 XR 产品线，XR 行业预计将以两位数的速度增长。微软等公司正在为下一个经济体构建基础设施，价格实惠的 AR 可穿戴设备预计将很快进入大众市场。我们正在见证设计史上最大的增长机会（图 6-16）。从 Pong 到 Alyx 花了很长时间，但这次进展得更快了。

图 6-16　XR：设计的未来（图片由 C. Hillmann 提供）

6.6.1 下一个成长故事：XR 的用户体验

随着我们进入 XR 时代，我们仍有许多问题等待解答。我们如何才能在可导航的三维世界中优化 XR 交互的模式？我们如何在面向未来的兼容 XR 的信息架构中组织复杂的信息？空间映射和通过身体、手、眼和语音输入为用户提供本能交互正在成为共享设计之旅的一部分。令人惊讶的简单而显然的想法，例如 *Population: ONE* 中将朋友添加到朋友列表中的碰拳手势，都需要让这个新时代变得引人入胜、令人愉悦和直观，同时利用现有的物理空间知识来保持舒适。XR 将我们带入了一个设计领域，其中大气透视创造了一种深度和维度感。我们在这个空间的工具箱包含运动视差、相对大小、阴影、纹理、透视和遮挡，而双耳音频则帮助我们映射音频感知。同时，我们需要为不同类型的用户构建，并允许针对不同的身高、体型、能力、恐惧、偏好和舒适度进行定制。包容性设计，针对具有不同心智模型的用户，与将 UI 定位在正确的可视距离并提供一致性和反馈一样重要。当我们作为先驱者和冒险家进入未知领域时，UX 设计师有很多事情要做。

6.6.2 XR 的未来：机遇与降低风险的平衡

我们正处在一个历史性新时代的边缘。十年或二十年后，当我们回顾 2020 年时，我们会对世界如此顺利地进入空间计算时代感到困惑。到那时，我们将生活在 XR 原生代中，这一代伴随着 VR 和 AR 长大，对他们来说，使用 AR 手册探索新的健身设备、在虚拟团队办公室工作时与朋友的虚拟形象进行交流、下班后参加 VR 聚会讨论虚拟房地产投资是最自然的事情。XR 优先产品将成为标准，UX 设计师将帮助实现美好的事情：设计有意义的 XR 产品，同时保持用户代理，以解决一些更大的问题，例如支持适当的治理机制，包括数据所有权、使用、同意和保护的框架。个人数据进入一个新时代，生物特征数据、眼球运动模式、运动轮廓、身体相似性、私人环境、行为和判断作为空间用户数据的一部分将变得越来越可用，并且可能容易受到操纵。VR 先驱 Jaron Lanier 指出，VR 可以作为一种表达媒介，成为人与自我之间的美丽桥梁，但如果管理不善，包括对数字所有权的批判性评估，那么作为终极的行为工具，VR 也有可能成为真正的邪恶。

有足够的理由对以人为本的社会未来持乐观态度，其中社会由 XR 驱动的想象经济推动。

数字化转型的下一个阶段有可能转变为更加生态、更加绿色的经济。数字化并非默认绿色；由于其遗留的基础设施，它在某种程度上受到高能耗、电子垃圾和数字污染的困扰，但它有可能为更加绿色、更加可持续的未来组织绩效开启全新的优化水平。

通过转向使用虚拟会议，可以在不影响业务的情况下减少商务旅行。虚拟旅游正在减少愿望清单旅行的碳足迹。一段无意中听到的对话证明了这一观点："我在 VR 中看到了吉萨金字塔；它太神奇了，实际上已经神奇到让我把它从愿望清单上划掉了。"快速零售怎么样呢？人们喜欢购物：新进旧出，包括家居装饰、家具和配饰。随着全球供应链扼杀地球，我们可能会问：如何将人们的强迫性购物行为转移到数字商品上？一个不会伤害树木、不需要移动船舶或集装箱的地方。早期有前景的概念展示了轻便、始终开启、超高分辨率的 XR 可穿戴设备如何帮助重塑个人环境。不需要购买新的梳妆台，但保留旧的，为其购买数字 AR 皮肤。

数字商品经济在游戏世界中非常成功，玩家可以重新设计自己的角色并通过微交易购买虚拟配件。一旦我们开始映射和重新映射环境，并将虚拟对象置于物理物品之上，这种模型就等待进入现实世界。信息层不仅仅是功能性的，它可以具有深刻的美感。"你以为你永远不可能住在 19 世纪的城堡里欣赏公园的景色。只需等待，直到你能够相应地重新规划你的公寓"可能是重新规划的 XR 未来的标语。与此同时，这可能意味着我们在设计自己的现实泡沫时会消除不愉快的事情，达到前所未有的水平。但机遇伴随着重大责任。我们将如何应对重新映射人类？这个问题将把深度伪造的争论推向一个全新的高度。设计我们自己的现实具有令人难以置信的潜力。负责任的用户体验设计将在寻找机遇和降低风险之间的平衡过程中发挥重要作用。

6.6.3　XR 未来主义：设计现实

沉浸式技术革命刚赶上科幻小说。我们将迎来一个新世界，这个世界通过模糊物理和虚拟界限来增强我们的自然感官和集体想象力。随着我们转向想象经济，我们正在从观看者转向参与范式，其中 3D 空间是叙事潜力和调色板。这是设计师必须征服、学习和完善的新规则。一旦 XR 革命展开，用户体验就业市场将比我们目前所见的任何市场都火爆。每个行业和企业都需要一种 XR 方法。考虑到用户体验中的"体验"一词最初引入时更具理想性而非字面意义，现在它似乎几乎预言了设计师的真正目标，即设计一个以前从未在用户体验中存在过的沉浸式空间维度，其中物理运动、距离以及身体、手和头部运动是交互的重要组成部分。使用 XR 画布及其空间信息叙述方面的新兴可用性系统和数据架构语言将赋予用户权力，反过来，用户将能够设计自己的感知。由于人类意识是感知的产物，这最终意味着我们正在重塑自我。设计师是这一长期过程的推动者，这是一项巨大的责任。

词 汇 表

本词汇表简要介绍了书中的一些常用术语及其解释。对于混合现实的术语 MR，尤其如此。MR 定义经常引起争议，稍后将进行解释。

扩展现实（XR）

XR 代表扩展现实，是所有空间计算机交互变体的总称，包括 VR、AR 和 MR。XR 通常与沉浸式媒体或空间计算互换使用。

虚拟现实（VR）

虚拟现实创造了一个人工三维环境，便于互动。虚拟现实与人类的想象力一样无限，并已成为科幻流行文化的主题，例如 Neal Stephenson 1992 年的小说《雪崩》和 Ernest Cline 2011 年的小说《头号玩家》。

增强现实（AR）

增强现实是现有物理世界之上的一个信息层。AR 可通过手机或平板电脑作为手持式 AR 或通过头戴式设备作为 AR 设备或眼镜使用，以协助现实世界环境。AR 通常使用摄像头进行环境追踪，以便与用户周围叠加或嵌入的数字对象进行交互。

沉浸式媒体

涵盖所有 XR 媒体，但理论上也可以包括 VR 洞穿装置或非交互式媒体（如立体观看器等）。它通常与 XR 和空间计算互换使用。

空间计算

通常是 XR 环境中空间交互的总称。空间计算还可以包括 XR 之外的技术，例如基于物联网（IoT）的交易和基础设施技术。它经常与 XR 互换使用。

混合现实（MR）

混合现实可以指很多东西：

1. MR 可以与 AR 互换使用：两者都定义为将虚拟对象嵌入用户的现实环境。

2. MR 可以描述 VR 和 AR 两种技术在设备基础上的融合。这意味着具有 AR 功能的 VR 头戴式设备，例如允许摄像头透视 AR 交互，可以被称为 MR 头戴式设备或具有 VR 功能的 AR 头戴式设备，例如，通过调暗透明的眼镜以淡化周围的真实世界，来引入完全人工的环境，也可以被标记为 MR HMD。

3. 当社交 XR 空间的应用程序在 AR 和 VR 设备之间共享时，MR 可以描述 VR 和 AR 两种技术在应用基础上的融合。

4. MR，即 Microsoft Mixed Reality，也是所有微软头戴式设备的品牌名称，包括所有使用微软技术的 AR 和 VR 头戴式设备。

5. MR 是一种使用绿屏和虚拟摄像头（例如，使用 Unreal 引擎）捕捉技术的名称。

MR 争议以及本书中混合现实一词的使用

"混合现实"一词最具争议的用法是将其定义为 VR 和 AR 之间的一种独特技术。在互联网上，人们普遍认为 MR 是一种中间技术，它能够将对象嵌入环境中，比 AR 具有更多的功能。这种描述区分了 AR 作为仅投影方法和 MR 作为嵌入式虚拟对象方法。这个定义可能被认为是误导性的，因为它不符合关于这个主题的学术和技术论文，在这些论文中，这种区别从未存在过，至少在其最近的历史中没有。

AR 中的遮挡功能，即允许 AR 对象看起来存在于现实世界对象的旁边或后面的功能，不应被视为 AR 功能，而应被标记为 MR 功能，所有最近记录的 AR 历史证据均未证实这一点。

这种混淆的根源在于 Paul Milgram 和 Fumio Kishino 在 1994 年发表的一篇论文，该论文对 AR 进行了区分，而 20 世纪 90 年代以来的 AR 发展已经吸收了所有这些定义。

从那时起，遮挡就毫无疑问地成了 AR 的一项功能，并且在 MR 下，区分非遮挡 AR 和遮挡 AR 几乎没有用处。它不会解决任何问题；相反，它增加了 AR 术语的混乱，增加了 MR 定义的不确定性，而 MR 的定义已经充斥着重叠的定义。因此，本书仅使用 MR 定义 1~5（如上面所述），而忽略了 MR 作为"更好的 AR"的广泛描述。

最好的办法是将 MR 视为一个非常开放和灵活的术语，可以与 XR 互换使用（在 Microsoft 定义中），也可以与 AR 互换使用，就像消费者出版物中经常使用的那样。混合现实一词的优势在于：消费者可以立即理解它的含义。

3DOF

三自由度是上一代 VR 头戴式设备（例如 Oculus Go）的定义，它只能记录旋转运动，而不能追踪位置运动。因此，3DOF 头戴式设备的吸引力较低，并且不支持房间规模的空间交互。尽管它很简单，但开发人员已经找到了很多方法，通过富有想象力的游戏互动来克服这些限制。3DOF 头戴式设备现在已不再常见，但因其简单性和灵活性，仍然有合理的用例，例如，它们可以在完全黑暗或行动受限的情况下使用，例如在飞机上。它们将来可能会作为沉浸式媒体播放器卷土重来。

6DOF

六自由度是包含旋转数据和位置数据的完整六自由度交互类型：三度（X、Y、Z）用于旋转，三度（X、Y、Z）用于位置。它允许用户使用控制器位置伸手抓取物品、在在线战斗中躲避和隐藏，以及真实模拟控制器驱动的网球拍运动。

由内而外的追踪

由内而外的追踪是移动和独立式头戴式设备的首选运动追踪方法。头戴式设备可追踪其自身和控制器的运动。Oculus Quest 和最新的 Windows VR 头戴式设备使用由内而外的追踪技术。

由外向内的追踪

由外向内的追踪通过使用发射定时红外脉冲的基站进行设置，由头戴式设备和控制器拾取，实现精确的运动追踪。它最初由 Valve 与 SteamVR 和 Lighthouse 一起为 HTC Vive HMD 建立，至今仍用于 Valve Index HMD。由外向内追踪通常用于较大的 VR 商场，因为它允许使用额外的运动追踪配件和全身运动追踪。

手持式增强现实（HAR）

手持式 AR 平台是运行在任何移动设备 2D 屏幕上的 AR 应用程序，使用摄像头追踪环境中的虚拟对象。HAR 可以被认为是沉浸式的，因为它的交互半径和游戏空间是用户的 360 度空间坏境。

用户体验（UX）设计

用户体验设计是以人为本的产品设计方法，该术语涵盖了最终用户与流程、服务或产品交互的所有方面，包括视觉设计、交互设计、可用性和信息架构。

数字产品设计

数字产品设计在很大程度上与 UX 设计相同，但它可能涉及与用户视角无关的领域，例如用户数据收集。与 UX 设计的另一个理论上的区别是用户体验与业务目标之间的平衡。UX 设计师通常被聘为产品设计师。

游戏设计

游戏设计的目标与数字产品设计相同。它强调使用不同设计方法的娱乐软件。由于它涉及相同的领域，包括早期研究、概念原型设计和测试，因此它作为生产方法也用于非娱乐产品，使用游戏制作所建立的相同生产方法、工具和原则。

用户体验 / 用户界面（UX/UI）设计

UI交互通常侧重于视觉和美学方面，包括排版内容和布局、配色方案和品牌。对于网络和移动应用，它需要整个视觉体验，而对于3D交互式应用程序和游戏，它主要侧重于菜单交互。

本书将网络和移动设计描述为2D UX设计的主要领域。通常，这还涉及软件UI设计。但是，由于大多数UX工作都是在网络和移动应用设计中，因此这是重点。本书中，产品设计这个术语与UX设计互换使用，指的是UX设计师被聘为产品设计师的典型情况，尽管UX设计在理论上的优先级略有不同，偶尔也会表达不同的思维方式。事实是，UX设计师始终必须将业务需求融入设计中。用产品设计这个术语取代UX设计这个术语也已成为行业趋势，以表达它更大的抱负和它在实践中的实际应用。UX设计和产品设计遵循完全相同的设计思维过程。

资 源

Oculus UX 资源：developer.oculus.com/learn/design-accessible-vr-ui-ux/

Microsoft MR 设计资源：docs.microsoft.com/en-us/windows/mixed-reality/design/design

Tvori：tvori.co

Unreal 引擎的高级框架：humancodeable.org

Unity 的 VR 交互框架：beardedninjagames.com/vr-framework

MRTK Unity：docs.microsoft.com/en-us/windows/mixed-reality/mrtk-unity/

Unreal 引擎的 MRTK UX 工具：microsoft.github.io/MixedReality-UXTools-Unreal/README.html

面向对象的 UX：objectorientedux.com

AltspaceVR：altvr.com

Mozilla Hubs：hubs.mozilla.com

《半条命：Alyx》：half-life.com/en/alyx

图书：

Unreal for Mobile and Standalone VR: Create Professional VR Apps Without Coding by Cornel Hillmann (Apress, 2019)，apress.com/gp/book/9781484243596

The History of the Future by Blake J.Harris，harpercollins.com/products/the-history-of-the-future-blake-j-harris

推荐阅读

用户体验要素：以用户为中心的产品设计（原书第2版）

书号：978-7-111-61662-7　作者：Jesse James Garrett　译者：范晓燕　定价：79.00元

Ajax之父经典著作，全彩印刷
以用户为中心的设计思想的延展

"Jesse James Garrett 使整个混乱的用户体验设计领域变得明晰。同时，由于他是一个非常聪明的家伙，他的这本书非常地简短，结果就是几乎每一页都有非常有用的见解。"

——Steve Krug（《Don't make me think》和《Rocket Surgery Made Easy》作者）